U0900517

电气工程部件测绘

主　编　张　煜
副主编　王燕梅　严兴喜　杨大秋
　　　　朱小娟　田玉齐

北京交通大学出版社
·北京·

内容简介

本教材根据高职教育突出对人才应用能力培养的需求，结合作者多年教学经验以及现场的实际应用情况，以部件图样为案例进行引入，读、画并举，培养读者投影分析和空间想象能力以及测绘绘图能力，满足从事现场技术工作所需制图能力需求。本教材为项目化教材，从基本知识入手，使读者容易理解和接受。教材介绍了工程制图基础认知、基本体投影与轴测投影绘制、组合体认知与绘制、部件的表达方法、标准件和常用件识别与绘制以及电气专业制图认知与绘制，实用性强、难度适中，具备较好的通用性和系统性。

本书可作为高等职业院校信号、通信、供电、机电一体化等专业的教材，也可供工程技术人员自学参考。

图书在版编目（CIP）数据

电气工程部件测绘/张煜主编．—北京：北京交通大学出版社，2020.9
ISBN 978-7-5121-4327-2

Ⅰ．①电…　Ⅱ．①张…　Ⅲ．①电器元件-测绘-高等职业教育-教材　Ⅳ．①TM503

中国版本图书馆 CIP 数据核字（2020）第 171212 号

电气工程部件测绘
DIANQI GONGCHENG BUJIAN CEHUI

责任编辑：赵彩云
出版发行：北京交通大学出版社　　电话：010-51686414　　http://www.bjtup.com.cn
地　　址：北京市海淀区高梁桥斜街 44 号　　邮编：100044
印 刷 者：北京时代华都印刷有限公司
经　　销：全国新华书店
开　　本：185 mm×260 mm　　印张：10.5　　字数：269 千字
版 印 次：2020 年 9 月第 1 版　　2020 年 9 月第 1 次印刷
印　　数：1~2 500 册　　定价：45.00 元

本书如有质量问题，请向北京交通大学出版社质监组反映。对您的意见和批评，我们表示欢迎和感谢。
投诉电话：010-51686043，51686008；传真：010-62225406；E-mail：press@bjtu.edu.cn。

前 言

工程制图是电气工程技术人员、电力工程技术人员的必修课程，是高职电气类专业的一门重要专业技能课程。铁道信号、通信、供电高职学生今后从事的岗位需要学生具备一定的空间想象和分析能力，基本读图、识图、手工绘图能力，对电气部件结构能够准确分析，掌握国家制图标准。基于此，根据高职学生特点，我们需要编写一本贴近企业岗位需求、内容详略得当、难度适中、实用性强的教材。

本书结合我国高职教育的特点，突出介绍了电气工程部件测绘的相关知识以及实际应用案例。本教材为项目化教材，一共分为六个项目：工程制图基础认知、基本体投影与轴测投影绘制、组合体认知与绘制、部件的表达方法、标准件和常用件识别与绘制、电气专业制图认知与绘制。本教材以项目为载体，以任务为驱动，将理论知识灵活地运用于实践，是一本理论与实践相结合的项目化教材。

本书编写的特点如下：

(1) 贴近岗位，以真实项目引领技能训练。全书设计了六个项目，以图纸作为案例，以真实项目为载体进行设计。

(2) 内容、结构安排科学合理。在内容阐述上，力求简明扼要、层次清楚、图文并茂、通俗易懂；在项目的安排上，强调实用性、可操作性，难度相对适度，具备较好的通用性和系统性。

(3) 校企合作，参与指导。本书邀请了企业一线工作者参与编写指导，旨在真正做到“产学结合”“工学结合”。

本书具有职业教学的特色，适合作为高等职业学校及职业职工培训教材。本书由黑龙江交通职业技术学院张煜担任主编，王燕梅、杨大秋、严兴喜、朱小娟、田玉齐担任副主编，具体分工如下：张煜编写了项目一、项目二；田玉齐编写了项目三；王燕梅编写了项目四和附录A；杨大秋、严兴喜、朱小娟编写了项目五和项目六；感谢齐齐哈尔北方机器有限责任公司高级工程师董红艳为本书提供的技术支持和指导。

由于编者水平有限，书中错误和不足之处在所难免，恳请专家和读者批评指正。

编者

2020年8月

目　录

项目一　工程制图基础认知

项目描述

工程图样是设计、制造与维修机器的重要技术文件。为了便于生产、管理和技术交流，国家质量技术监督局（原国家标准局）依据国际标准化组织指定的国际标准，制定并颁布了《技术制图》《机械制图》《建筑制图》《电气制图》等一系列国家制图标准，其中对于图样内容、画法、尺寸标注法等都做出了统一规范。《技术制图》国家标准是一项基础技术标准，在制图标准体系中处于最高层次，在技术内容上具备了统一性、通用性和通则性的特点，涵盖了机械、建筑、水利、电气等行业。

国家标准中的每一个标准都有标准代号，如“GB/T 4457. 4—2002”，其中“GB”为国家标准代号，简称“国标”，“T”表示推荐性标准（如果没有“T”，则表示为强制性标准），“4457. 4”表示该标准编号，“2002”表示该标准是2002年颁布的。

要正确地绘制工程图样，必须严格地遵守国家标准的各项规定，学会正确地使用绘图工具，掌握合理的绘图方法和步骤，牢固树立标准化的观念。

教学目标

【能力目标】

1. 能正确使用常用绘图工具、仪器。
2. 学会查找国家制图标准。
3. 能正确进行尺寸标注。
4. 能正确绘制平面图形，掌握正确的绘图步骤。

【知识目标】

1. 掌握常用绘图工具、仪器的使用方法。
2. 了解国家标准《技术制图》与《机械制图》中有关图纸幅面和格式、比例、字体、图线及尺寸标注等基本规定。

3. 掌握几何图形的作图方法和平面图形的画法。

【素质目标】

1. 能够形成自主探究学习的意识。

2. 树立规范制图的责任意识，养成严谨认真的工作作风。

模块一　制图基本知识和技能

任务一　常用绘图工具认知

一、任务导入

“工欲善其事，必先利其器”。为了保障绘图质量、提高绘图速度，必须掌握常用绘图工具、仪器的正确使用方法。

请同学们在图纸上利用圆规绘制半径为 15 的圆、直径为 20 的圆；利用三角尺和丁字尺绘制 15°角、75°角。

二、知识链接

1. 常用绘图工具

（1）图板

图板是用来铺放和固定图纸的木板。它由板面和四周的边框组成，板面应平整光滑，左右两导边必须平直，如图 1-1 所示。

图 1-1　图板

常用图板规格有 0 号（900 mm×1 200 mm）、1 号（600 mm×900 mm）和 2 号（450 mm×600 mm），可以根据图纸幅面的大小选择图板。

（2）丁字尺

丁字尺由尺头和尺身组成，尺头和尺身的结合处必须牢固，尺头的内侧面必须平直。丁字尺主要用来画水平线，使用时左手把住尺头，靠紧图板左侧导边（不能用其余 3 边），上下移动丁字尺，自左向右画不同位置的水平线，如图 1-2 所示。

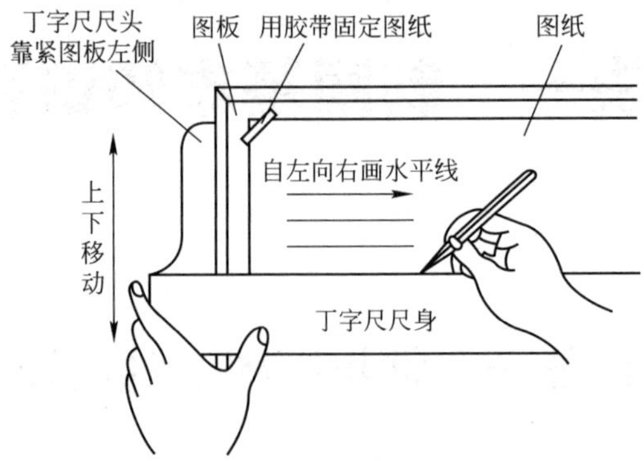

图 1-2　利用丁字尺画水平线

（3）三角尺

三角尺有 45°和 30°（60°）两种。三角尺与丁字尺配合使用可画竖直线和 15°倍角的斜线，比如 30°、45°、60°，如图 1-3（a）所示。两块三角尺互相配合，可以画出任意直线的平行线和垂线，以及画与水平线成 15°、75°的倾斜线，如图 1-3（b）所示。

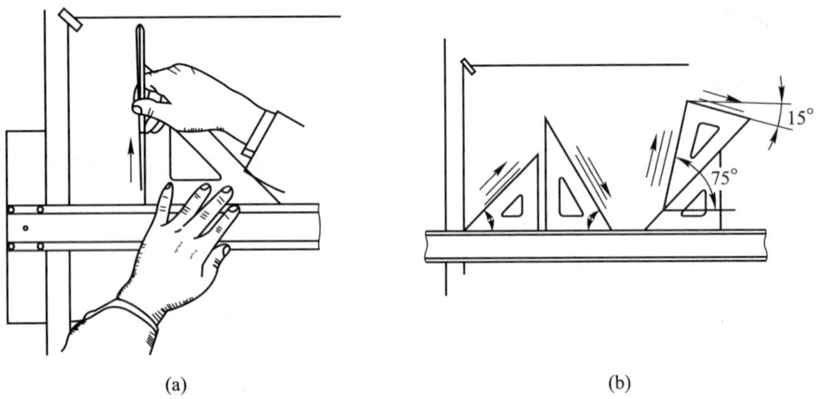

图 1-3　利用三角尺配合丁字尺画垂直线和各种倾斜线

2. 常用绘图用品

（1）铅笔

铅笔是画线用的工具。铅笔根据绘图用的铅芯软硬不同，分为硬、软、中三种。区别在于铅笔杆端标号，“H”表示硬铅芯，“B”表示软铅芯。B 前数字越大，表示越软；H 前数字越大，表示越硬。6H 最硬，6B 最软，HB 软硬适中。2H 铅笔适合画底稿线，2B 铅笔适合加深直线，B 铅笔适合加深圆弧，HB 铅笔适合写字和画各种符号。

铅笔从没有标号的一端开始使用。铅芯应磨削的长度及形状如图 1-4 所示，注意画粗、细线的笔尖形状的区别。

（2）绘图纸

绘图纸的质地应坚实，用橡皮擦拭时不易起毛。应使用图纸的正面进行绘图，其识别方法为用橡皮擦拭几下，不易起毛的一面为正面。

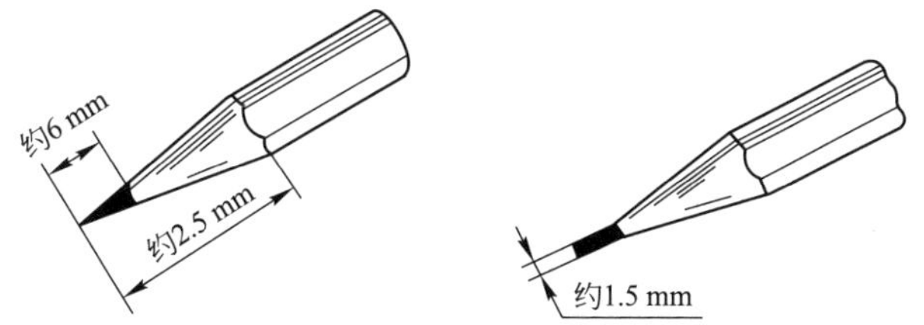

(a) 消磨成圆锥形　　(b) 消磨成四棱柱形

图 1-4　铅芯的长度及形状

3. 常用绘图仪器

（1）分规

分规是等分线段、移置线段及从尺上量取尺寸的工具，如图 1-5 所示。使用分规时需注意：分规的两针尖并拢时应对齐。

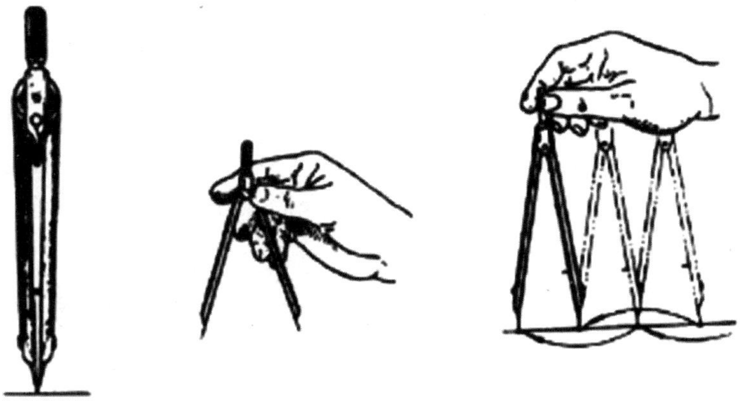

图 1-5　分规及其用法

（2）圆规

圆规是用来画圆或圆弧的工具。为了扩大圆规的功能，圆规一般配有铅笔插腿（画铅笔线圆用）、鸭嘴插腿（画墨线圆用）、钢针插腿（代替分规用）3 种插腿和一支延长杆（画大圆用），如图 1-6（a）所示。

画圆或圆弧时，用钢针一端定圆心，钢针与铅芯平齐，如图 1-6（a）所示。两腿应尽可能与纸面垂直，按顺时针方向倾斜画线。画大圆时，可接上延伸杆，如图 1-6（b）所示。

三、任务实施

① 绘制半径为 15 的圆、直径为 20 的圆。调整圆规，在图纸上绘制圆。

② 利用三角尺和丁字尺绘制 15°角，如图 1-7 所示。

③ 利用三角尺和丁字尺绘制 75°角，如图 1-8 所示。

至此，任务完成。

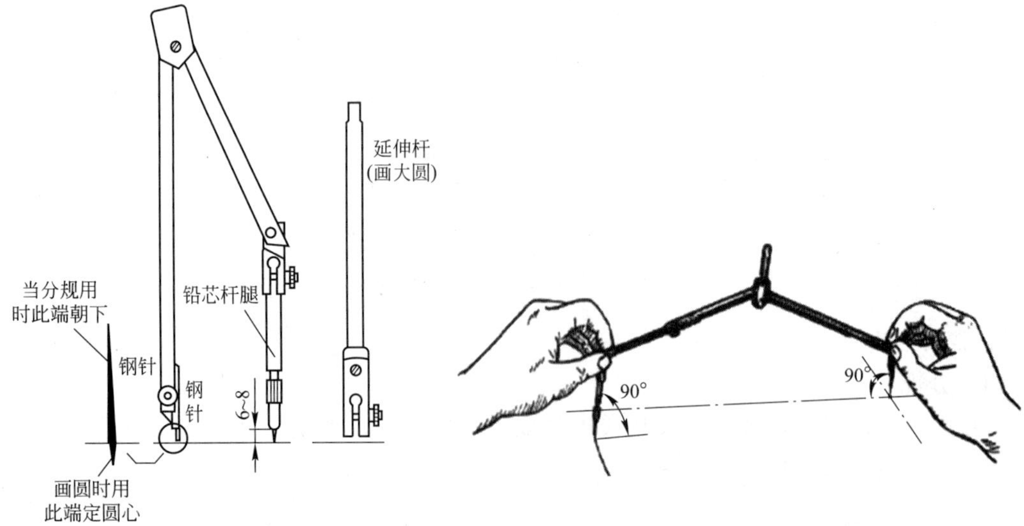

(a) (b)

图 1-6 圆规及其用法

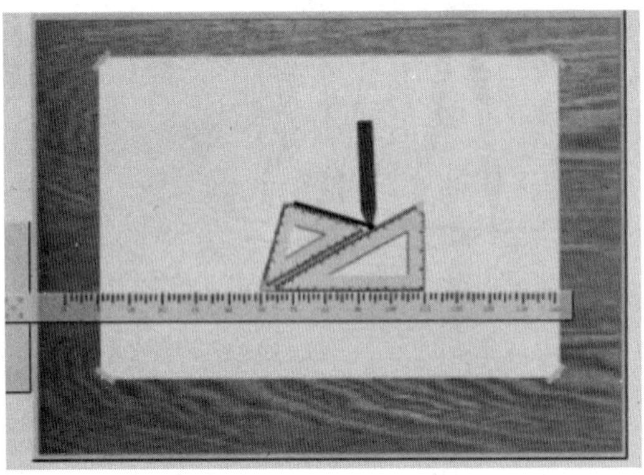

图 1-7 绘制 15°角

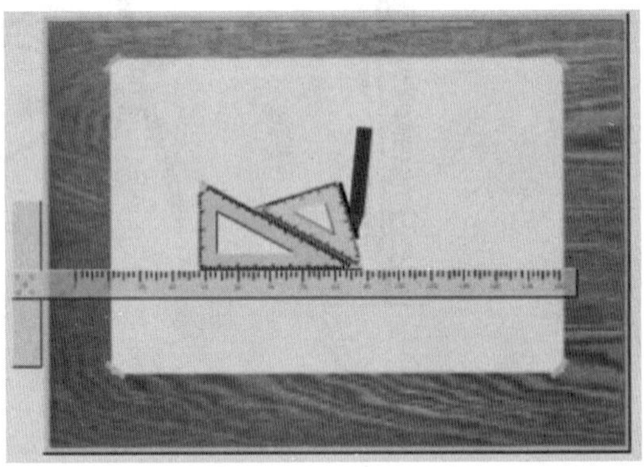

图 1-8 绘制 75°角

任务二 绘制 D 型连接板平面图形

一、任务导入

高速铁路方便、快捷、安全、舒适，是我国人民出行的主要方式之一，接触网是沿铁路线上空架设的向电力机车供电的特殊形式的输电线路，为电力机车输送电力，而 D 型连接板主要用于接触网上连接双耳件，如图 1-9 所示。

请按国家制图标准有关规定，选取合适比例在 A4 图纸上绘制如图 1-9 所示的 D 型连接板平面图形，如图 1-10 所示。

图 1-9　D 型连接板

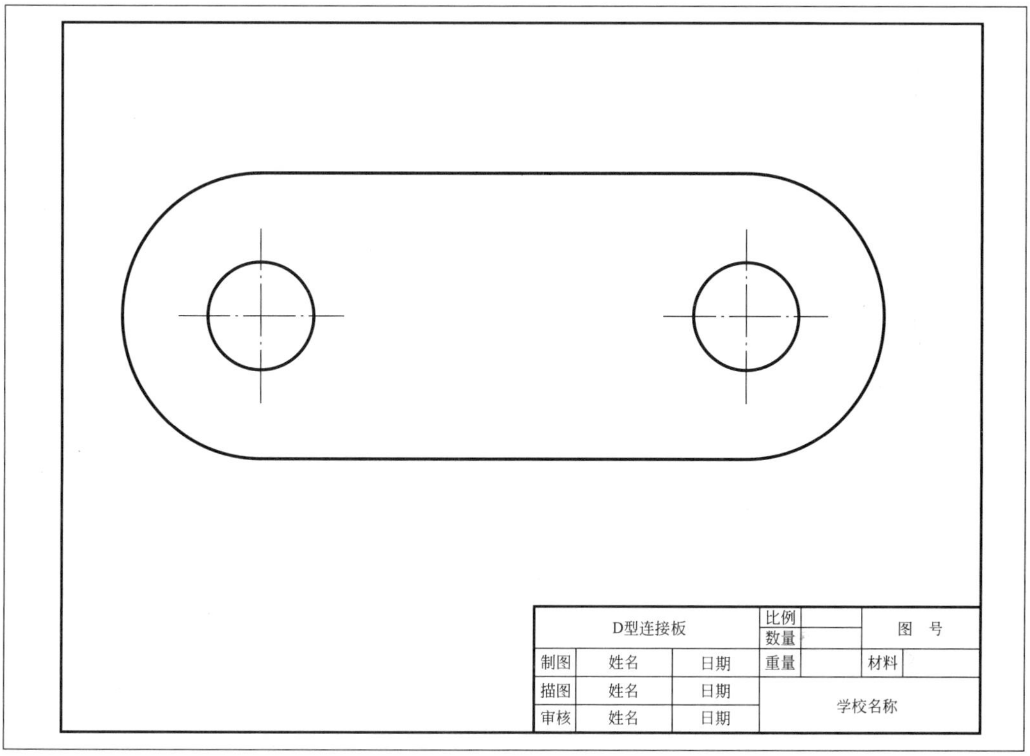

图 1-10　D 型连接板平面图形

二、知识链接

1. 图纸幅面

为了便于装订和保管以及符合缩微复制元件的要求，要求图纸幅面统一，绘制工程图样时，应优先使用基本幅面。基本幅面有五种，其尺寸关系如表 1-1 所示。

从上面幅面代号的尺寸可以看到，幅面代号的几何含义，实际上就是对 0 号幅面的对开次数。如 A1 中的“1”，表示将 A0 幅面的全张纸长边对折裁切一次所得的幅面；A4 中的“4”，表示将全张纸长边对折裁切四次所得的幅面。

必要时，允许选用加长幅面，但加长后幅面的尺寸，必须是由基本幅面的短边成整数倍增加后得出。

表 1-1　图纸幅面　　　　单位：mm

<table>
<tr><th rowspan="2">幅面代号</th><th rowspan="2">幅面尺寸
$B \times L$</th><th colspan="3">留边宽度</th></tr>
<tr><th>a</th><th>c</th><th>e</th></tr>
<tr><td>A0</td><td>841×1189</td><td rowspan="5">25</td><td rowspan="3">10</td><td rowspan="2">20</td></tr>
<tr><td>A1</td><td>594×841</td></tr>
<tr><td>A2</td><td>420×594</td><td rowspan="3">10</td></tr>
<tr><td>A3</td><td>297×420</td><td rowspan="2">5</td></tr>
<tr><td>A4</td><td>210×297</td></tr>
</table>

小贴士：国家标准规定，机械图样中的尺寸以 mm 为单位时，不需标注单位符号（或名称）。如采用其他单位，则必须注明相应的单位符号。本书的文字叙述和图例中的尺寸单位为 mm，多数未标出。

2. 图框格式

在图纸上必须用粗实线画出图框，其格式分为留装订边和不留装订边两种。同一产品的图样只能采用一种格式。不留装订边的图纸，其图框格式如图 1-11 所示；留有装订边的图纸，其图框格式如图 1-12 所示，留边宽度参见表 1-1。

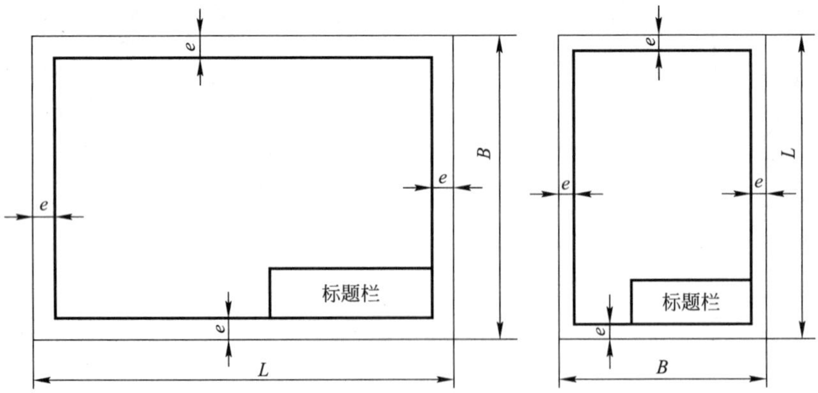

(a) X型图纸　　(b) Y型图纸

图 1-11　不留装订边的图框格式

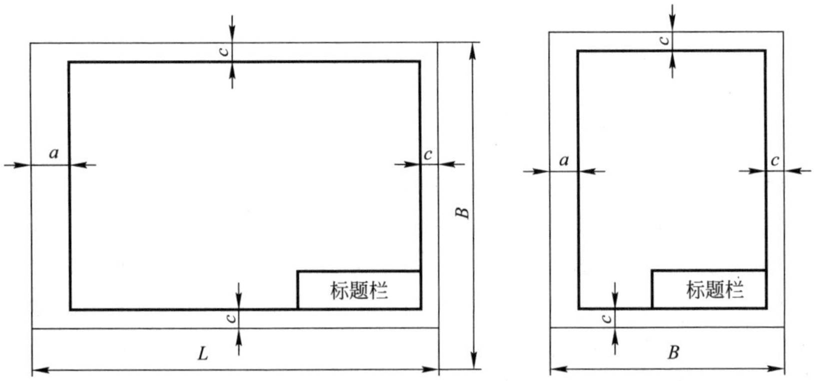

(a) X型图纸　　(b) Y型图纸

图 1-12　留装订边的图框格式

3. 标题栏

每张图纸上都必须画出标题栏。标题栏的内容、格式和尺寸按 GB/T 10609.1—2008 技术制图中的规定绘制。标题栏的位置应位于图纸的右下角，看图方向与看标题栏的方向一致。

标题栏的长边置于水平方向并与图纸的长边平行时，则构成 X 型图纸，如图 1-11（a）、图 1-12（a）所示；标题栏的长边置于水平方向，与图纸的长边垂直时，则构成 Y 型图纸，如图 1-11（b）、图 1-12（b）所示。

在制图作业中，标题栏可以简化，建议采用简化标题栏，如图 1-13 所示。

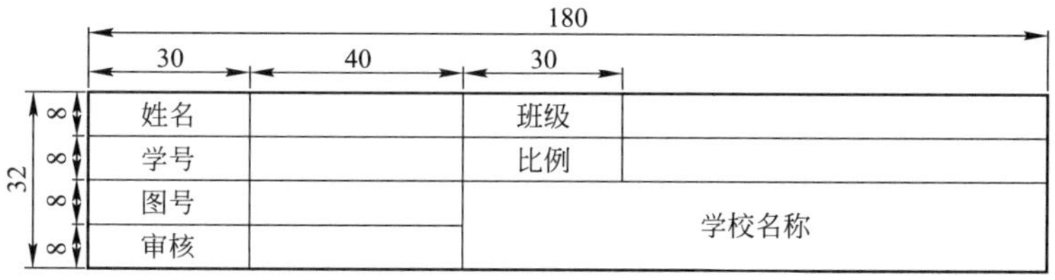

图 1-13　简化标题栏

4. 字体（GB/T 14691—1993）

（1）基本要求

① 在图样中书写的汉字、数字、字母，要尽量做到“字体工整、笔画清楚、间隔均匀、排列整齐”。

② 字体高度（用 h 表示）的公称尺寸系列为：1.8，2.5，3.5，5，7，10，14，20，单位 mm。如果需要书写更大的字，其字体高度应按 $\sqrt{2}$ 的比率递增。字体高度代表字体的号数。

③ 汉字应写成长仿宋体字，并应采用国家正式公布的简化字。汉字的高度 h 不应小于 3.5 mm，其字宽一般为 $h/\sqrt{2}$。

书写长仿宋体的要领是：横平竖直、注意起落、结构匀称、填满方格。

④ 字母和数字分 A 型和 B 型。A 型字体的笔画宽度（d）为字高（h）的 1/14，B 型字体的笔画宽度（d）为字高（h）的 1/10。在同一张图样上，只允许用一种型式的字体。

⑤ 字母和数字可写成斜体或直体。斜体字字头向右倾斜，与水平线成 75°。

（2）字体示例

如表 1-2 所示。

表 1-2　字体示例

字体		示例
长仿宋体汉字	5 号	学好工程制图
	3.5 号	绘图是工程技术人员必须具备的技能

续表

字体		示例
拉丁字母	大写斜体	*ABCDEFGHIJKLMNOPQRSTUVWXYZ*
	小写斜体	*abcdefghijklmnopqrstuvwxyz*
阿拉伯数字	斜体	*0123456789*
	正体	0123456789
罗马数字	斜体	*I II III IV V VI VII VIII IX X*
	正体	I II III IV V VI VII VIII IX X
字体应用示例		10JS5(±0.003)　M24-6h　R8　10^3　S^{-1}　5%　D_1　T_d　380kPa　m/kg $\phi20^{+0.010}_{-0.023}$　$\phi25\frac{H6}{f5}$　$\frac{II}{1:2}$　$\frac{3}{5}$　$\frac{A}{5:1}$　$\sqrt{Ra\ 6.3}$　460r/min　220V　l/mm

5. 图线

图线是指起点和终点间以任意方式连接的一种几何图形，形状可以是直线或曲线、连续线和不连续线。国家标准《机械制图　图样画法　图线》（GB/T 4457.4—2002）规定了常用的九种图线，其代码、型式、名称、宽度以及应用示例，如表 1-3 和图 1-14 所示。

表 1-3　常用图线

图线名称	线型	线宽	一般应用
细实线	——————	$d/2$	过渡线、尺寸线、尺寸界线、指引线和基准线、剖面线、重合断面的轮廓线、短中心线、螺纹牙底线、尺寸线的起止线、表示平面的对角线、零件成形前的弯折线、范围线及分界线、重复要素表示线、锥形结构的基面位置线、叠片结构位置线、辅助线、不连续同一表面连线、成规律分布的相同要素连线、投射线、网格线
波浪线		$d/2$	断裂处边界线、视图与剖视图的分界线

续表

图线名称	线型	线宽	一般应用
双折线		$d/2$	
粗实线		d	可见棱边线、可见轮廓线、相贯线、罗文牙顶线、螺纹长度终止线、齿顶圆（线）、表格图和流程图中的主要表示线、系统结构线（金属结构工程）、模样分型线、剖切符号用线
细虚线		$d/2$	不可见棱边线、不可见轮廓线
粗虚线		d	允许表面处理的表示线
细点画线		$d/2$	轴线、对称中心线、分度圆（线）、孔隙分布的中心线
粗点画线		d	限定范围表示线
细双点画线		$d/2$	相邻辅助零件的轮廓线、可动零件的极限位置的轮廓线、重心线、成形前轮廓线、剖切面前的结构轮廓线、轨迹线、毛坯图中制成品的轮廓线、特定区域线、延伸公差带表示线、工艺用结构的轮廓线、中断线

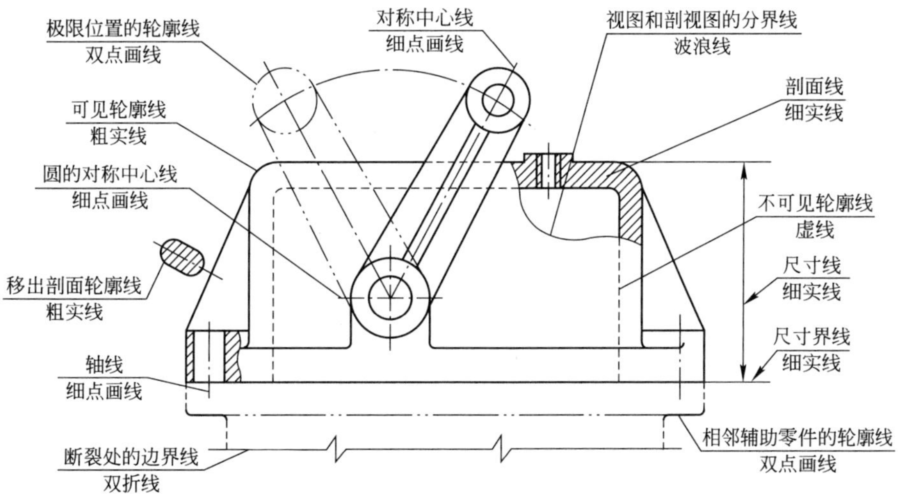

图 1-14　图线的应用示例

在机械图样中采用粗细两种线宽，它们之间的比例为 2∶1。一般优先采用的图线组别是粗实线（粗虚线、粗点画线），线宽为 0.7，细实线、波浪线、双折线、细虚线、细点画线、细双点画线的线宽为 0.35。

小贴士：当有两种或更多种的图线重合时，通常应按照图线所表达对象的重要程度，优先选择绘制顺序，即可见轮廓线→不可见轮廓线→尺寸线→各种用途的细实线→轴线和对称中心线→假想轮廓线。

绘制图线时需要注意以下事项。

（1）间隙

除非另有规定，两条平行线之间的最小间隙不得小于 0.7 mm。

（2）相交

① 图线的首、末两端都应是画，不应是点；画线（粗实线或细虚线）相交时，都应以画相交，而不应该是点相交或间隔。

② 细虚线是粗实线的延长线（或细虚线圆弧与粗实线相切）时，细虚线应留出间隔。

③ 画线的中心线时，圆心应是线段的交点，点画线两端应超出轮廓 2~5 mm；当圆心较小时，允许用细实线代替点画线，如图 1-15 所示。

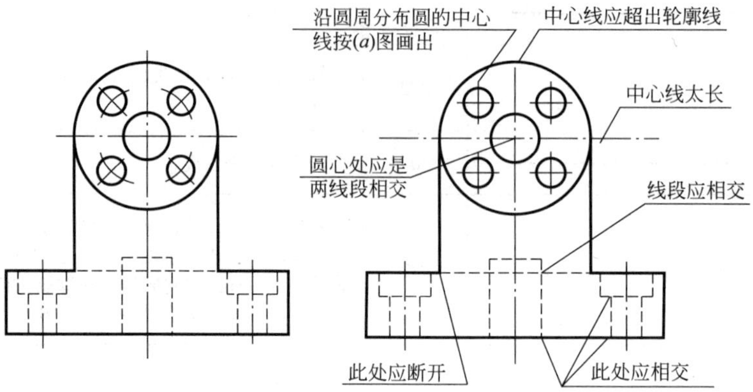

(a) 正确　　(b) 正确

图 1-15　图线画法的正误对比

三、任务实施

作图步骤如下。

1. 绘制 A4 带左侧装订线的 X 型图纸

要求用粗实线绘制图框。如表 1-1 所示，左侧留边 25 mm，上、下、右留边 5mm，如图 1-16 所示。

2. 绘制标题栏

绘制标题栏，如图 1-17 所示。尺寸如图 1-13 所示。

3. 绘制 D 型连板

（1）在图纸上确定作图的位置（绘制作图的基准线），交点距离为 140，如图 1-18 所示。

（2）以基准线交点为圆心，绘制半径为 15 的圆，如图 1-19 所示。

（3）以基准线交点为圆心，绘制半径为 40 的半圆，如图 1-20 所示。

（4）绘制直线连接半圆，加深图线，完成 D 型连板平面图绘制，如图 1-21 所示。

至此，任务完成。

图 1-16　A4 带装订线 X 型图纸

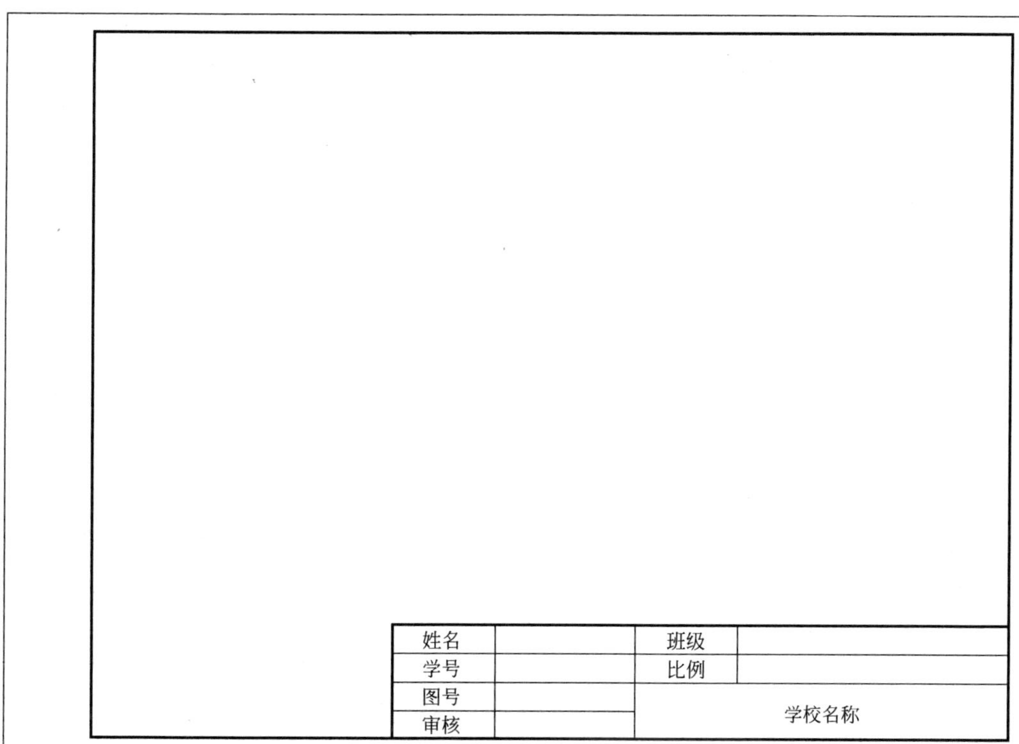

图 1-17　绘制标题栏

图 1-18　绘制基准线

图 1-19　绘制圆

图 1-20　绘制半圆

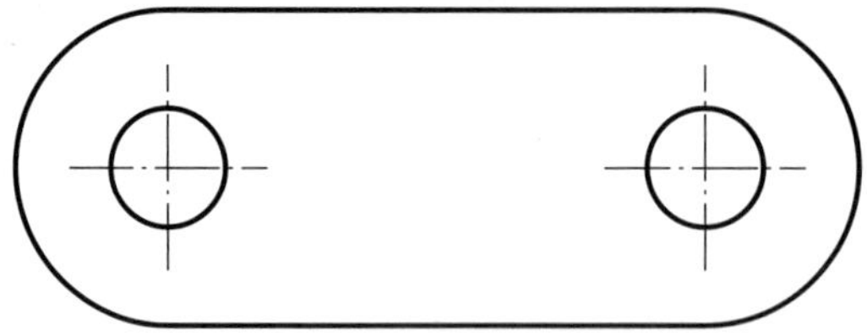

图 1-21　绘制 D 型连板平面图

任务三　标注平面图形尺寸

一、任务导入

图形只能表达物体的形状，而尺寸才能表达物体的大小。图样中的尺寸，是加工制造零件的主要依据。图样上必须标注尺寸以表达零件的各部分大小，如果尺寸标注错误、不完整或不合理，将给生产带来困难，甚至生产出废品而造成浪费。

国家标准对图样中的字体、尺寸标注都作了统一的规定。尺寸标注的一般要求是：清晰、完整、正确，字迹工整，尺寸数字书写正确。请绘制平面图形并标注尺寸，如图 1-22 所示。

二、知识链接

1. 基本规则

① 机件的真实大小应以图样上所注的尺寸数值为依据，与图形的大小及绘图的准确度无关。

② 图样中的尺寸以 mm 为单位时，无须标注计量单位的代号或名称，如采用其他单位，则必须注明相应计量单位的代号或名称。

③ 对机件的每一种结构，一般只标注一次，并应标注在反映该结构最清晰的图形上。

④ 图样中所标注的尺寸为该图样所示机件的最后完工尺寸，否则应另加说明。

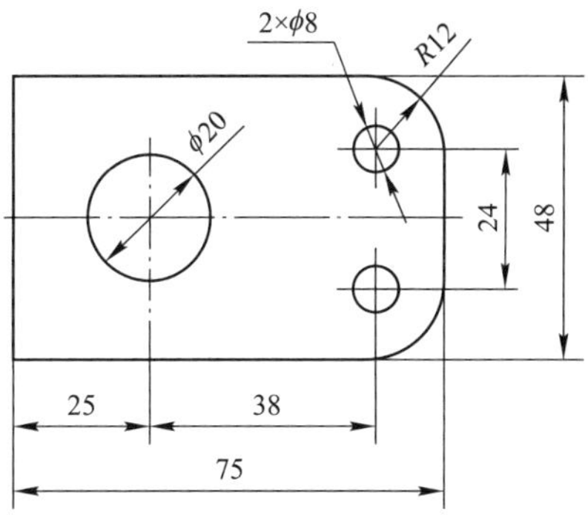

图 1-22　标注平面图形尺寸

2. 尺寸界线的组成及画法（GB/T 4458. 4—2003，GB/T 16675. 2—2012）

一个完整的尺寸由尺寸数字、尺寸线、尺寸界线、尺寸线的终端符号组成，标注示例如图 1-23 所示。

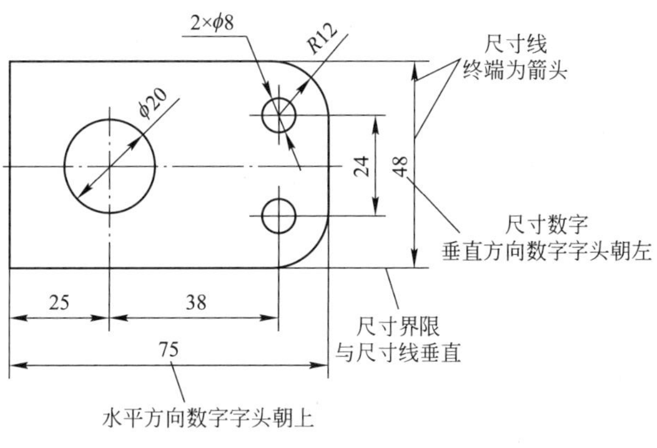

图 1-23　标注示例

（1）尺寸界线的画法

① 尺寸界线是用细实线绘制，它是由图形的轮廓线、对称线、对称中心线、轴线等处引出。也可用轮廓线、轴线或对称中心线作为尺寸界线。

② 尺寸界线与尺寸线相互垂直（一般情况），外端应超出尺寸线 2~5 mm。

（2）尺寸线的画法

尺寸线的画法如图 1-24 所示。

① 尺寸线用细实线绘制，但尺寸线不能用其他图线代替，也不得与其他图线重合。

② 绘制尺寸线时，尺寸线必须与所注的线段平行，并与轮廓线间距 10 mm，互相平行的两尺寸线间距不小于 7 mm。

③ 尺寸线与尺寸界线之间应尽量避免相交。即小尺寸在里面，大尺寸在外面。如图 1-25所示。

④ 同一张图样上直线尺寸应统一采用一种终端符号。

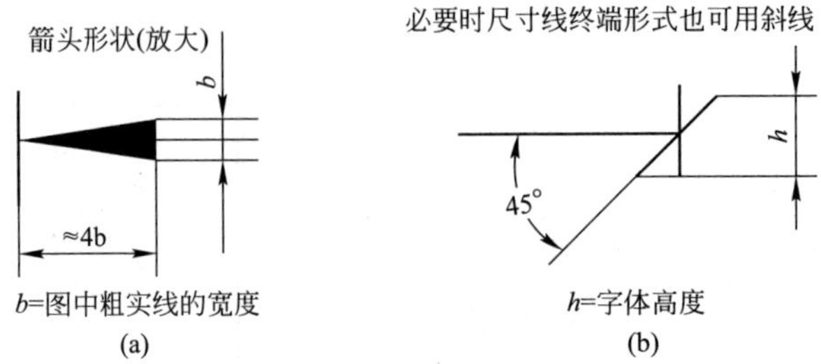

图 1-24　尺寸线的画法

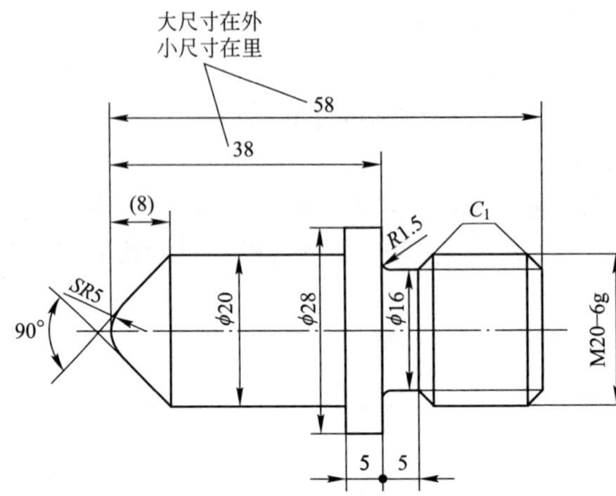

图 1-25　并列尺寸标注位置关系

（3）尺寸数字

尺寸数字有线性尺寸数字和角度尺寸数字两种。线性尺寸的数字一般应注写在尺寸线的上方，也允许注写在尺寸线的中断处，水平方向字头向上，垂直方向字头向左，倾斜方向字头偏上，如图 1-26 所示。在同一图样上其标注形式应一致。

线性尺寸数字的方向，一般应按图 1-26 所示方向注写，并尽可能地避免在图示 30°范围内标注尺寸，如图 1-27 所示。当无法避免时，可引出标注，如图 1-28 所示。

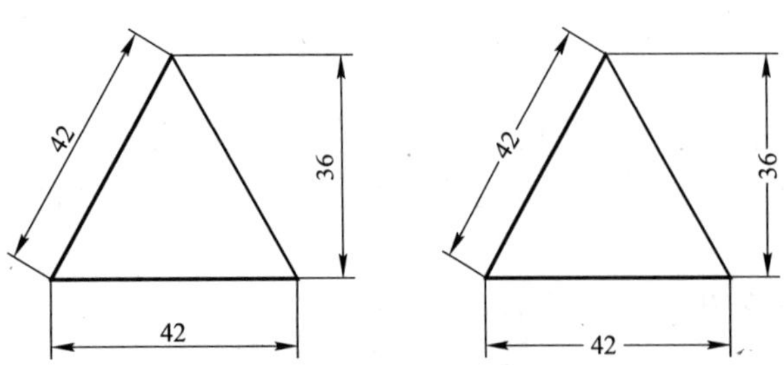

图 1-26　线性尺寸一般标注

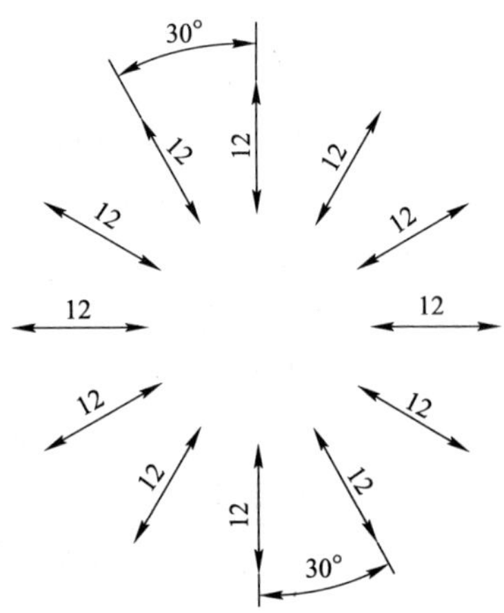

图 1-27　尺寸数字的注写方向

尺寸数字不允许被任何图线所通过，当不可避免时，必须把图线断开，如图 1-29 所示。

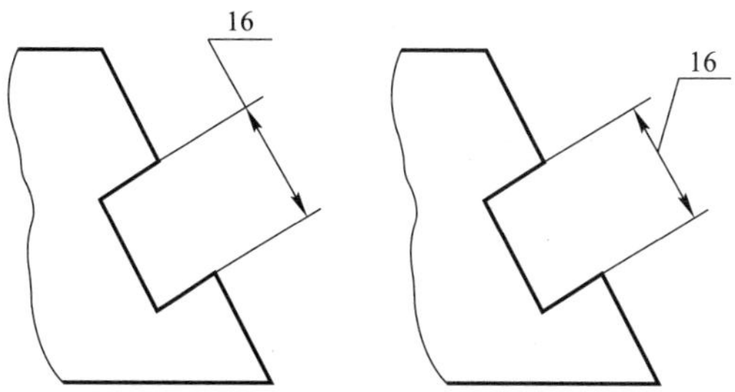

图 1-28　向左倾斜 30°范围内尺寸数字注写

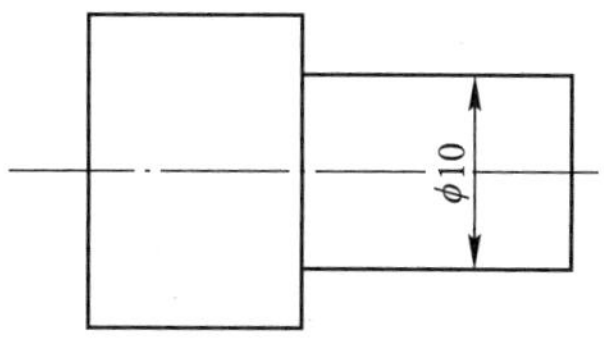

图 1-29　中心线断开

三、任务实施

① 画线性长度的相关尺寸的尺寸界线、尺寸线，如图 1-30 所示。

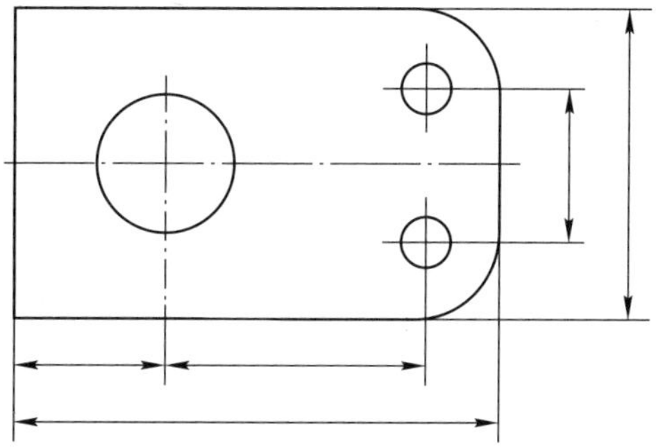

图 1-30　线性长度的尺寸界线、尺寸线

② 再画出圆、圆弧的尺寸界线、尺寸线，如图 1-31 所示。

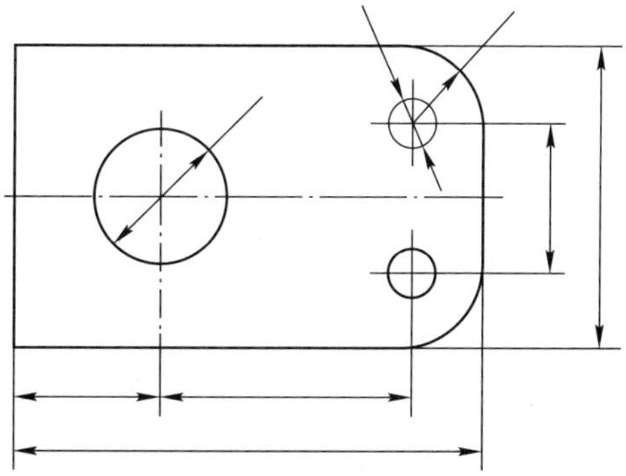

图 1-31　圆、圆弧的尺寸界线、尺寸线

③ 检查并标注尺寸数字，如图 1-22 所示。

至此，任务完成。

【知识拓展】

常见尺寸的标注方法见表 1-4。

表 1-4　常见尺寸的标注方法

<table>
<tr><th>项目</th><th>说明</th><th>图例</th></tr>
<tr><td rowspan="3">尺寸数字</td><td>1. 线性尺寸的数字一般标注在尺寸线的上方，也允许填写在尺寸线的中断处</td><td>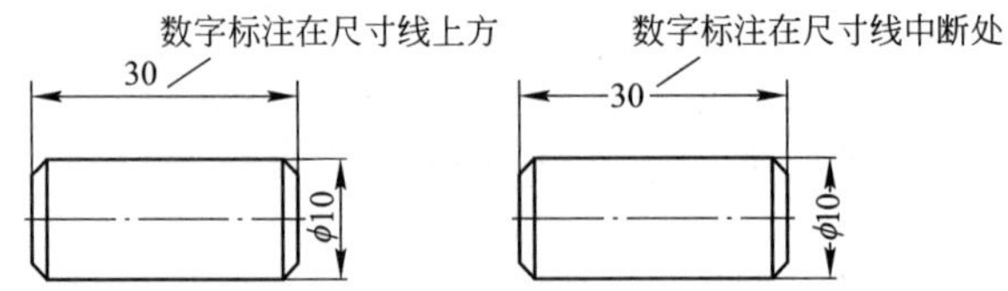
</td></tr>
<tr><td>2. 线性尺寸的数字应按右栏中左图所示的方向填写，并尽量避免在图示 30°范围内标注尺寸。竖直方向尺寸也可按图（c）形式标注</td><td>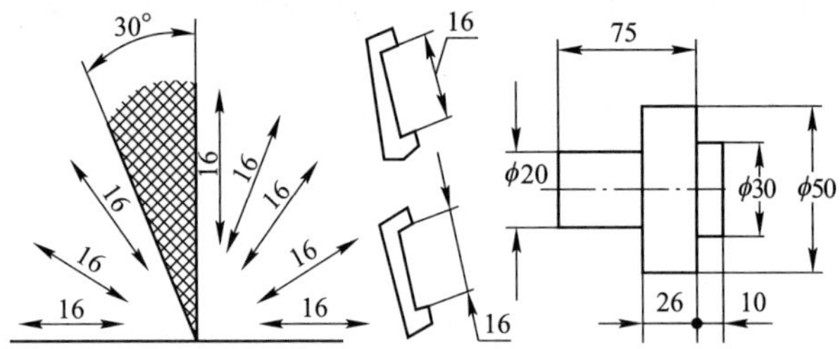

(a)　(b)　(c)</td></tr>
<tr><td>3. 尺寸数字不可被任何图线通过。当不可避免时，图线必须断开</td><td>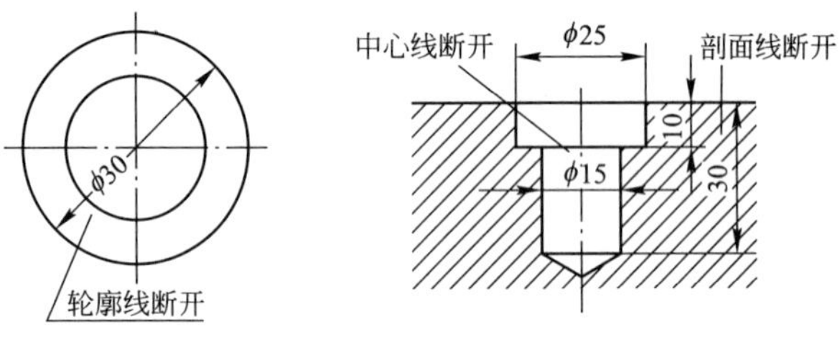
</td></tr>
<tr><td>尺寸线</td><td>1. 尺寸线必须用细实线单独画出。轮廓线、中心线或它们的延长线均不可作尺寸线使用。
2. 标注线性尺寸，尺寸线必须与所标注的线段平行</td><td>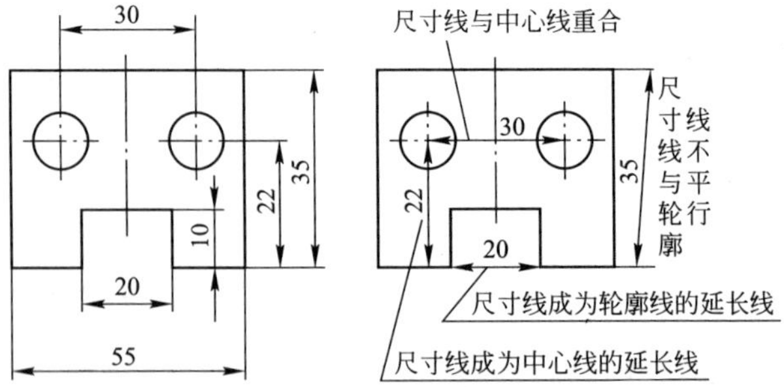

(a) 正确标注　(b) 错误标注</td></tr>
</table>

续表

项目	说明	图例
尺寸界线	1. 尺寸界线用细实线绘制，也可以利用轮廓线［图（a）］或中心线［图（b）］作尺寸界线。 2. 尺寸界线应与尺寸线垂直。当尺寸界线过于贴近轮廓线时，允许倾斜画出［图（c）］。 3. 在光滑过渡处标注尺寸时，必须用细实线将轮廓线延长，从它们的交点引出尺寸界线［图（d）］	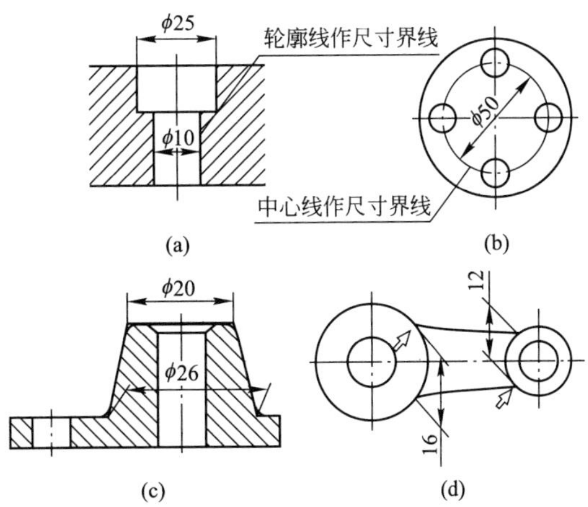
直径与半径	在光滑过渡处标注尺寸时，必须用细实线将轮廓线延长，从它们的交点引。标注直线尺寸时，应在尺寸数字前加注直径符号“ϕ”，标注半径尺寸时，加注半径符号“R”，尺寸线应通过圆心	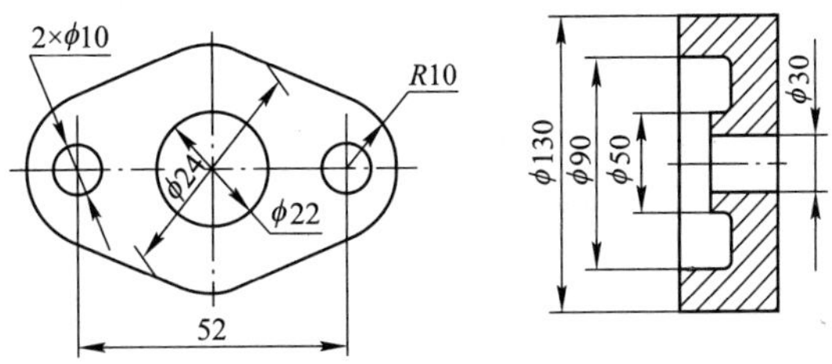
	标注小直径或小半径尺寸时，箭头和数字都可以布置在外面	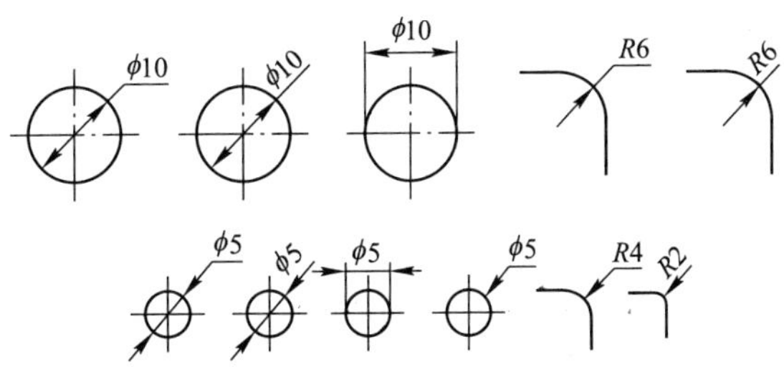
小尺寸的标注法	1. 标注一连串的小尺寸时，可用小圆点或斜线代替箭头，但是外两端箭头仍应画出。 2. 小尺寸可按（c）图标注	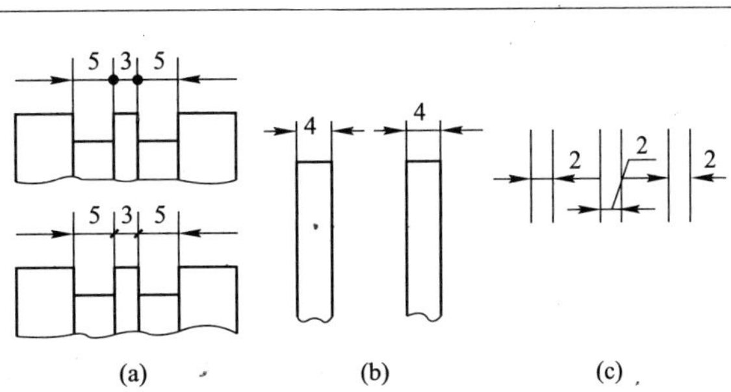

续表

项目	说明	图例
角度	1. 角度的数字一律水平填写。 2. 角度的数字应写在尺寸线的中断处，必要时允许写在外面或引出标注。 3. 角度的尺寸界线必须沿径向引出	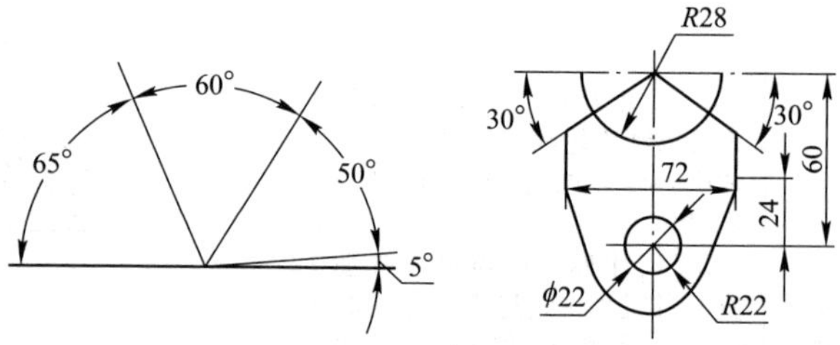

任务四　用不同比例绘制平面图

一、任务导入

平面图形所表达的机件的大小与实物是否相等？如何将过小或过大的机件清晰完整地表达呢？将实际测量尺寸放大或缩小以后再绘制图形就可以很好地解决这些问题。

图中图形与其实物相应要素的线性尺寸之比，称为比例。请绘制如图 1-32 所示的放大 2 倍的平面图形，并标注尺寸。

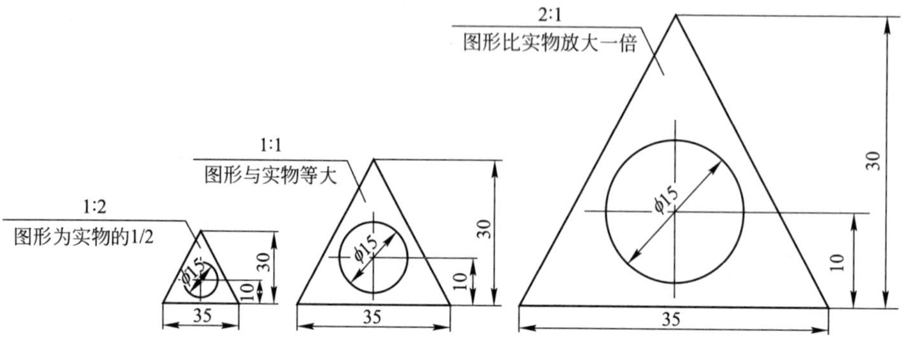

图 1-32　图形比例与尺寸的关系

二、知识链接

1. 比例（GB/T 14690—1993）

绘制图样时所采用的比例，是指在机械图样中将实际测量尺寸放大或缩小后，图形与实物相应要素的线性尺寸之比。比值为 1 的比例，即 1∶1，为原比例；比值大于 1 的比例，如 2∶1 等，称为放大比例；比值小于 1 的比例，如 1∶2 等，称为缩小比例。特别注意的是，图中标注的尺寸是零件的真实大小，不随比例的不同而有所变化。

2. 比例选用

国家标准《技术制图　比例》（GB/T 14690—1993）对比例的选用作了规定：为了从图

样上直接反映出实物的大小，绘图时应尽量采用原值比例。

绘制图样时应尽可能按照机件的实际大小采用 1 : 1 的比例画出，以方便绘图和看图。但由于机件的大小及结构复杂程度不同，有时需要放大或缩小，绘制图样时，一般应从表 1-5规定的系列中选取“优先选用比例系列”，必要时也允许选取表中“允许选择比例系列”。

表 1-5　比例系列

种类	优先选用比例系列			允许选择比例系列
原值比例	1 : 1			
放大比例	5 : 1 5×10^n : 1	2 : 1 2×10^n : 1		4 : 1　2.5 : 1 4×10^n : 1　2.5×10^n : 1
缩小比例	1 : 2 1 : 2×10^n	1 : 5 1 : 5×10^n	1 : 10 1 : 1×10^n	1 : 1.5　1 : 2.5　1 : 3　1 : 4 1 : 6　1 : 1.5×10^n 1 : 2.5×10^n　1 : 3×10^n 1 : 4×10^n　1 : 6×10^n

注：n 为正整数。

三、任务实施

1. 作基准线

作轴向基准线和径向基准线，如图 1-33 所示。

2. 绘制圆

以基准线交点为圆心，绘制尺寸放大 2 倍的圆，如图 1-34 所示。

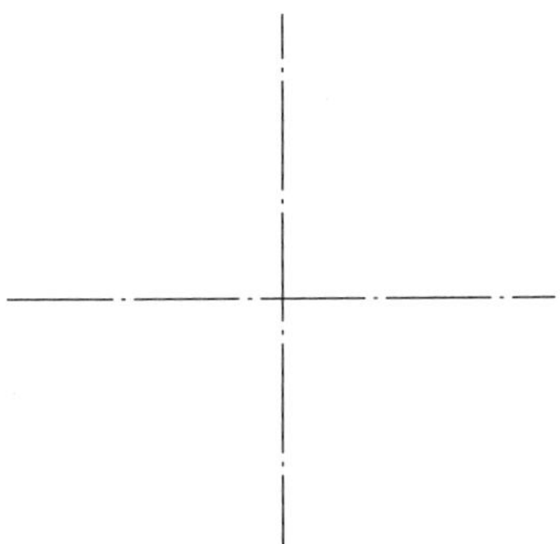

图 1-33　基准线

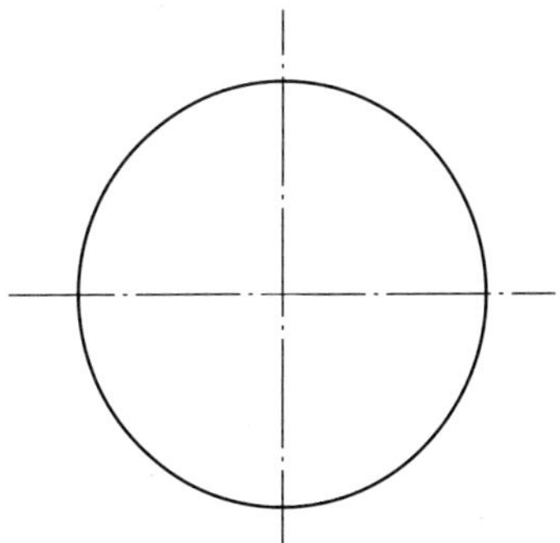

图 1-34　绘制圆

3. 绘制三角形

按尺寸标注绘制尺寸放大 2 倍的三角形，如图 1-35 所示。

4. 检查

加深图线，标注尺寸，如图 1-36 所示。

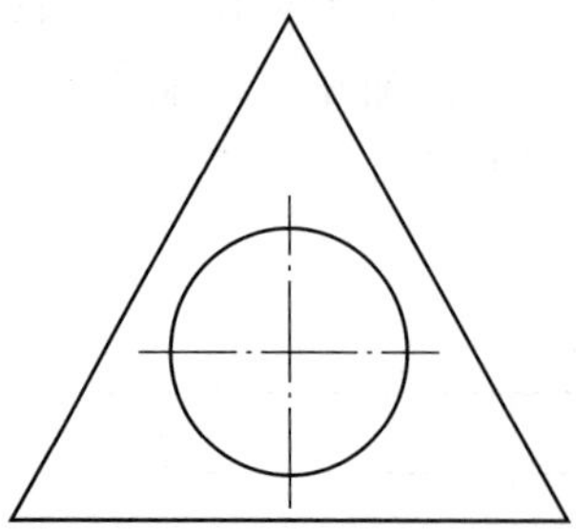

图 1-35　放大 2 倍的平面图形

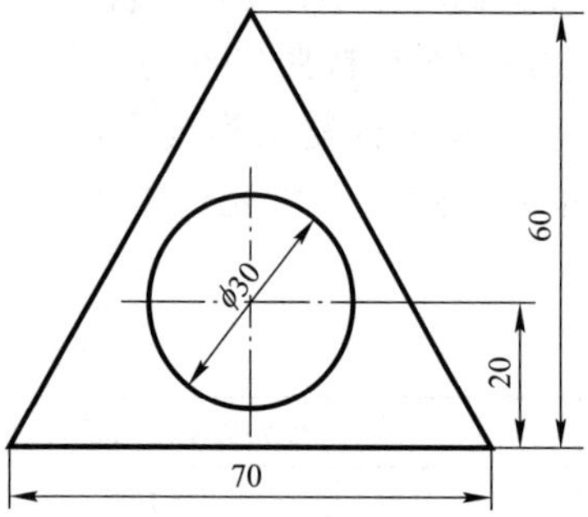

图 1-36　放大 2 倍的平面图形尺寸标注

至此，任务完成。

模块二　几何作图

机件的轮廓形状是多种多样的，但它们的图样基本上都是由直线、圆弧和其他一些曲线所组成的几何图形。因此，熟练掌握几何图形画法是绘制图样必备的基本技能之一。

任务一　等分线段

一、任务引入

利用三角尺和圆规将线段 *AB* 四等分，如图 1-37 所示。

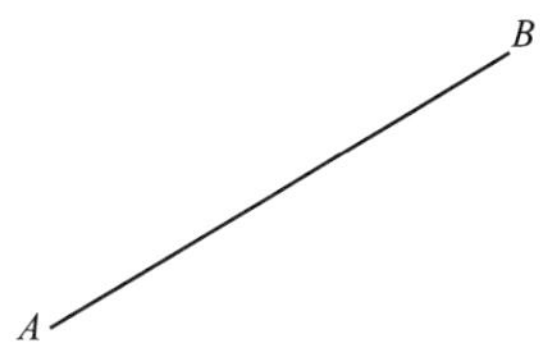

图 1-37　线段 *AB*

二、知识链接

等分线段有两种方法，一种是利用分规等分线段，称为分规试分法；另一种是利用圆规和三角尺等分线段，称为辅助平行线法。

三、任务实施

1. 分规试分法

如图 1-38 所示，将线段 *AB* 四等分，先用目测法将分规调整到线段 *AB* 长度的 1/4，然后在 *AB* 上试分，得点 Ⅳ（点 Ⅳ 也可能在端点 *B* 之外），然后再调整分规，使其长度增加（或缩小）*e*/4，然后重新试分，逐步逼近，即可将线段 *AB* 四等分。

2. 辅助平行线法

如图 1-39 所示，将线段 *AB* 四等分。

① 过已知线段 *AB* 的一个端点 *A* 任作一射线 *AC*，由此端点起在射线上用圆规以任意长度截取四等份。

② 将射线上的等分终点与已知线段的另一端点连线，并过射线上各等分点，利用三角尺作此连线的平行线与已知线段相交，交点即为所求。

至此，任务完成。

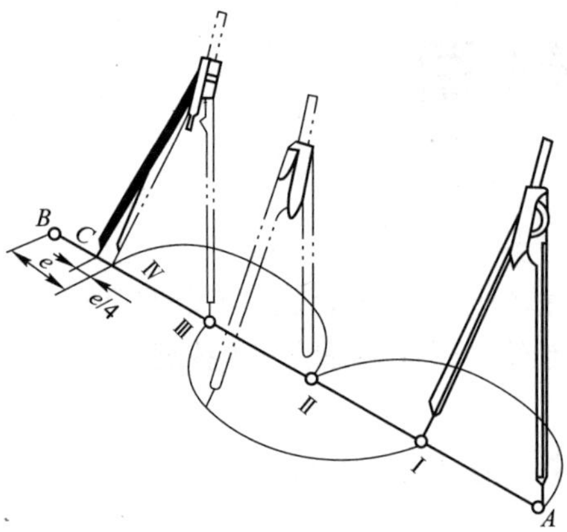

图 1-38　分规试分法

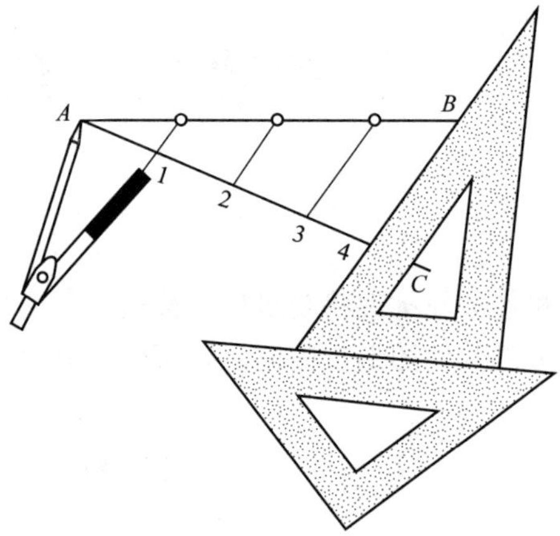

图 1-39　辅助平行线法

任务二　等分圆周绘制正多边形

一、任务引入

图 1-40 所示为六角螺母左视方向的投影图，它由外轮廓正六边形和圆组成，如何作图呢？正多边形的共同特点是各个边长均相等，可以借助一个辅助圆来实现。请绘制如图 1-40 所示六角螺母左视方向投影图，要求符合制图国家标准中的有关规定。

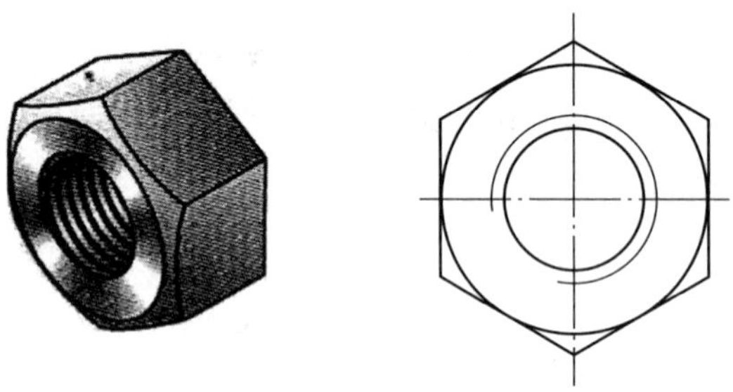

图 1-40　六角螺母及左视方向投影图

二、知识链接

1. 圆的内接正六边形

用绘图工具作圆的内接正六边形的方法有两种，如图 1-41 所示。

第一种画法：以点 A、B 为圆心，以原圆的半径为半径画圆弧，截圆于 1、2、3、4 点，即圆周的六等分点。顺次连接六等分点，即得正六边形。

第二种画法：用 60°三角尺自 2 作弦 21，右移至 5 作弦 45，旋转三角尺作弦 23、弦 65。用丁字尺连接 1、6 和 3、4，即得正六边形。

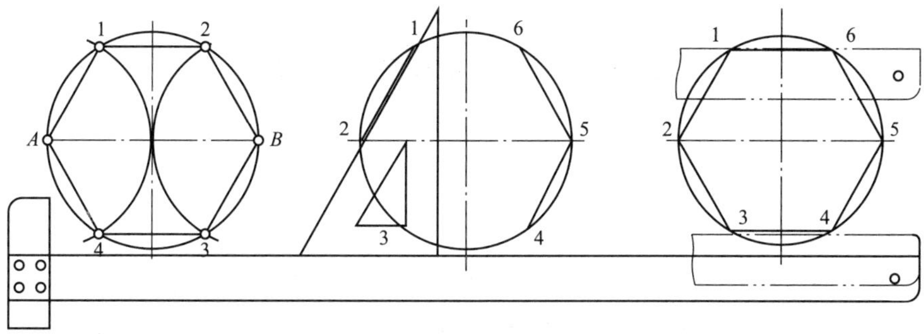

第一种画法　　　　第二种画法

图 1-41　圆内接正六边形

2. 圆的内接正五边形

图 1-42 为对圆周进行五等分并作圆的内接正五边形的示意图。

三、任务实施

① 作直径 D 为 $\phi 84$ mm 的辅助圆，如图 1-43（a）所示。

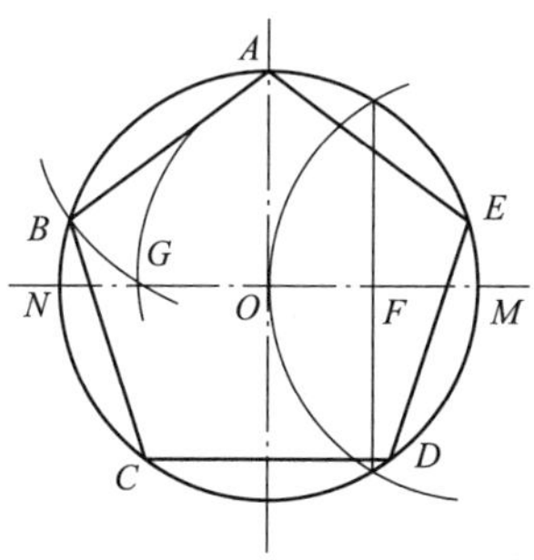

图 1-42　圆内接正五边形

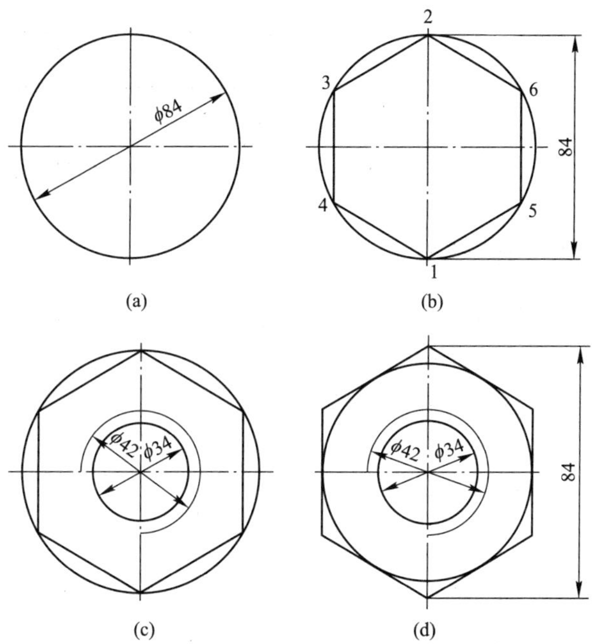

图 1-43　绘制六角螺母左视投影图

② 分别以 1、2 点为圆心，$D/2$ 为半径画弧交圆周于 3、4、5、6 点，连接画出正六边形，如图 1-43（b）所示。

③ 以基准线交点为圆心，分别画出正六边形的内切圆，34mm 的整圆和 42mm 的 3/4 细实线圆，如图 1-43（c）所示。

④ 去掉多余辅助线，加深图线，标注尺寸，完成图形，如图 1-43（d）所示。

至此，任务完成。

任务三　绘制圆弧连接

一、任务引入

绘制如图 1-44 所示平面图形，平面图形是由直线、圆弧连接组成的。尺寸标注和线段间的连接确定了平面图形的形状和位置，因此要对平面图形的尺寸、线段进行分析，以确定画图顺序和正确标注尺寸。要求符合制图国家标准的有关规定。

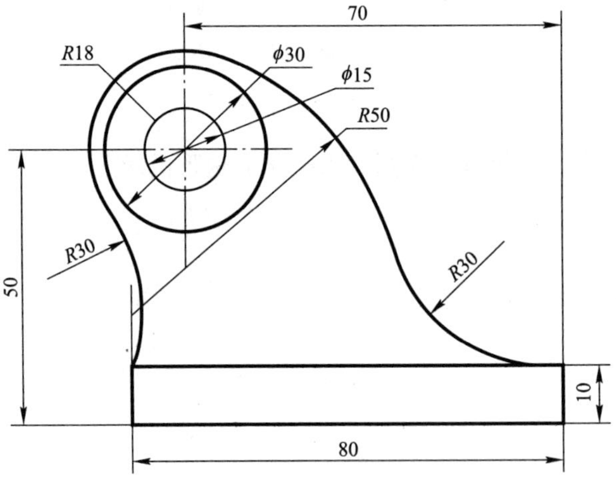

图 1-44　平面图形的尺寸和线段

二、知识链接

作圆弧连接时，必须准确找出其圆心和切点（连接点）。

1. 直线间的圆弧连接

用半径为 R 的圆弧连接两直线 AB 和 BC，如图 1-45 所示。

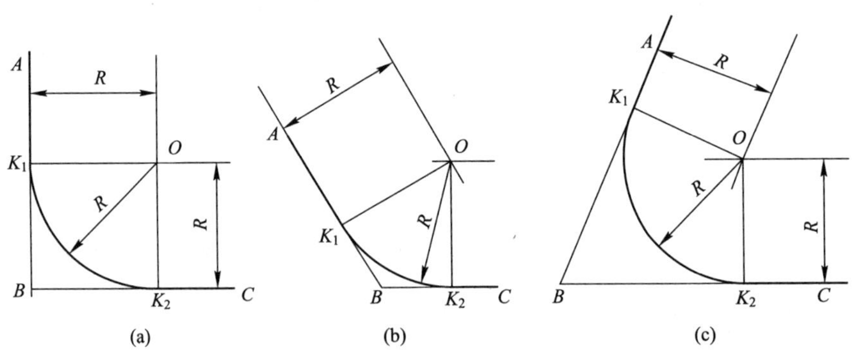

图 1-45　用圆弧连接两直线

作图步骤：

① 求圆心：分别作与已知直线 AB、BC 相距为 R 的平行线，其交点 O 即为连接弧（半径 R）的圆心。

② 求切点：自点 O 分别向直线 AB 及 BC 作垂线，得到的垂足 K_1 和 K_2 即为切点。

③ 画连接弧：以 O 为圆心，R 为半径，自点 K_1 至 K_2 画圆弧，即完成作图。

2. 直线与圆弧连接

用半径为 R 的圆弧连接已知直线 AB 和圆弧（半径 R_1），如图 1-46 所示。

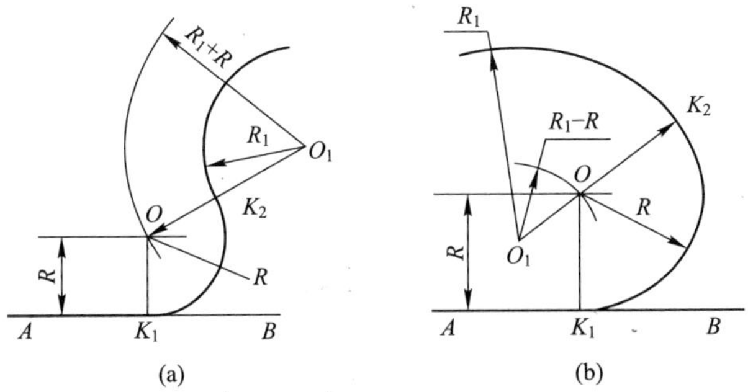

图 1-46　用圆弧连接直线和圆弧

作图步骤：

① 求圆心：

外切时，作与已知直线 AB 相距为 R 的平行线；再以已知圆弧（半径 R_1）的圆心 O_1 为圆心，R_1+R 为半径，画弧，此弧与所作平行线的交点 O 即为连接弧（半径 R）的圆心，如图 1-46（a）所示。

内切时，作与已知直线 AB 相距为 R 的平行线；再以已知圆弧（半径 R_1）的圆心 O_1 为圆心，R_1-R 为半径，画弧，此弧与所作平行线的交点 O 即为连接弧（半径 R）的圆心，如图 1-46（b）所示。

② 求切点：

自点 O 向直线 AB 作垂线，得垂足 K_1；再作两圆心连线 O_1O（外切时）或两圆心连线 O_1O 的延长线（内切时），与已知圆弧（半径 R_1）相交于点 K_2，则 K_1、K_2 即为切点。

③ 画连接弧：以 O 为圆心 R 为半径，自点 K_1 至 K_2 画圆弧，即完成作图。

3. 圆弧与圆弧连接

用半径为 R 的圆弧连接两已知圆弧（R_1、R_2），如图 1-47 所示。

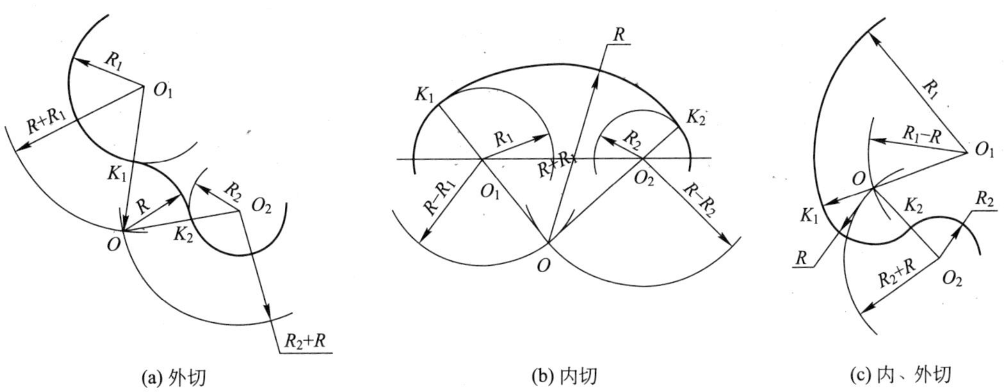

图 1-47　用圆弧连接两圆弧

作图步骤：

① 求圆心：

外切时，分别以 O_1、O_2 为圆心，R_1+R 和 R_2+R 为半径画弧，得交点 O，即为连接弧（半径 R）的圆心，如图 1-47（a）所示。

内切时，分别以 O_1、O_2 为圆心，$|R_1-R|$ 和 $|R_2-R|$ 为半径画弧，得交点 O，即为连接弧（半径 R）的圆心，如图 1-47（b）所示。

内、外切时，分别以 O_1、O_2 为圆心，$|R_1-R|$ 和 R_2+R 为半径画弧，得交点 O，即为连接弧（半径 R）的圆心，如图 1-47（c）所示。

② 求切点：作两圆心连线 O_1O、O_2O 或 O_1O、O_2O 的延长线，与两已知圆弧（半径 R_1、R_2）相交于点 K_1、K_2，则 K_1、K_2 即为切点。

③ 画连接弧：以 O 为圆心，R 为半径，自点 K_1 至 K_2 画圆弧，即完成作图。

三、任务实施

作圆弧连接时，必须准确找出其圆心和切点（连接点）。

① 画基准线，如图 1-48 所示。

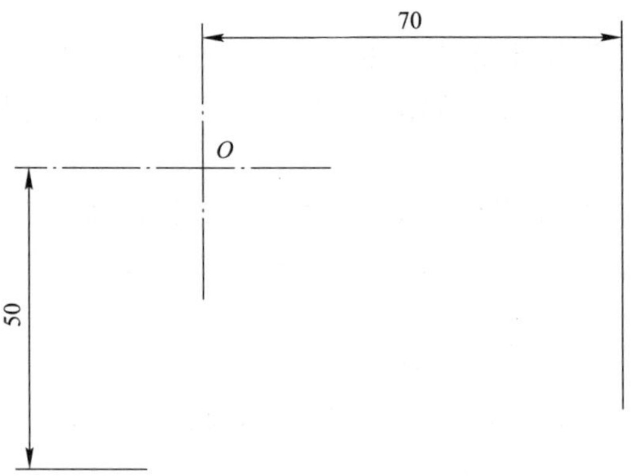

图 1-48　绘制基准线

② 画已知线段，如图 1-49 所示。

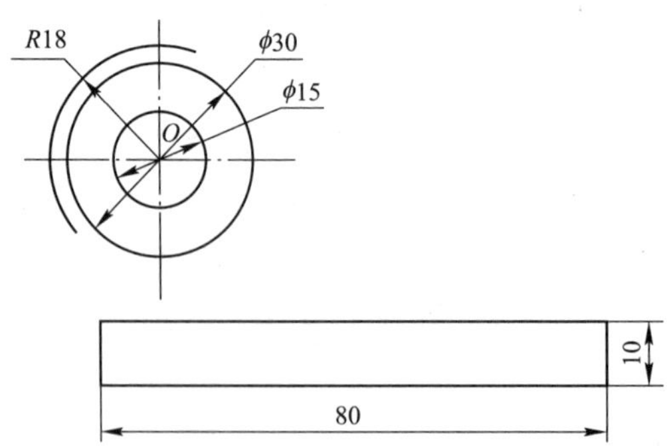

图 1-49　绘制已知线段

③ 画中间线段，如图 1-50 所示。

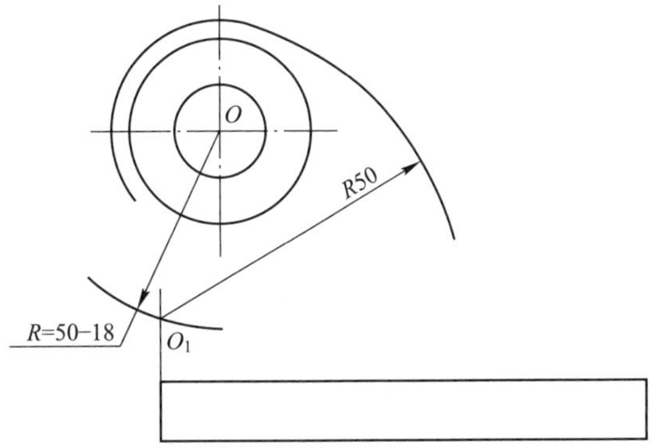

图 1-50　绘制中间线段

④ 画连接线段，如图 1-51 所示。

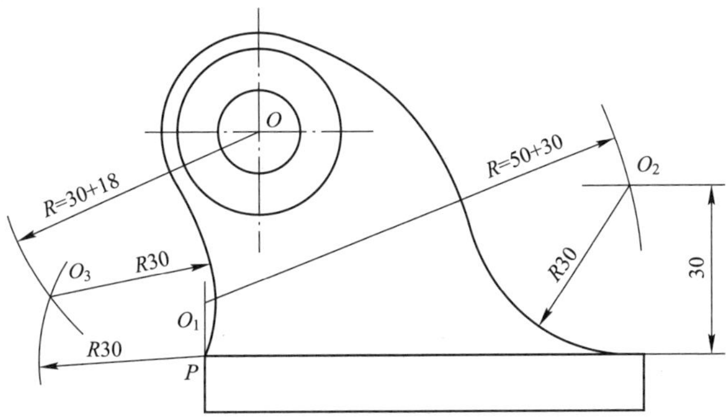

图 1-51　绘制连接线段

⑤ 描深加粗，如图 1-52 所示。

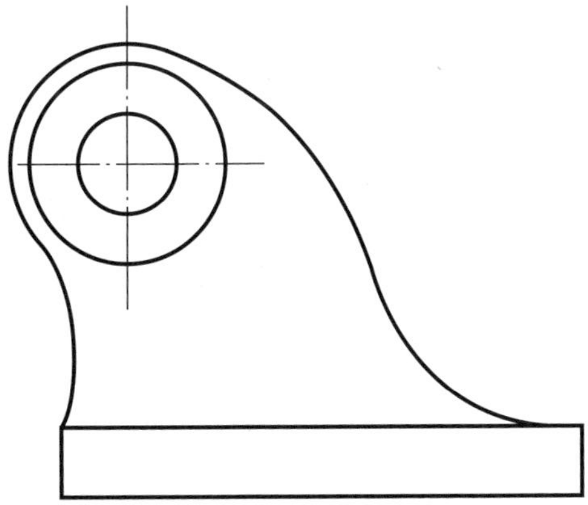

图 1-52　描深加粗图线

至此，任务完成。

【知识拓展】

一、椭圆的画法

① 画椭圆的长轴 AB 和短轴 CD 交于 O 点，以 O 为圆心，$AB/2$ 为半径画圆弧，交 CD 的延长线于 E 点，以 C 为圆心，CE 为半径画圆弧，交 AC 于 E_1点，如图 1-53（a）所示。

② 作 AE_1 的垂直平分线交 AB、CD 于 O_1、O_2点，再分别作 O_1、O_2点的对称点 O_3、O_4点。这 4 点即为 4 段圆弧的圆心，如图 1-53（b）所示。

③ 分别以 O_1、O_3和 O_2、O_4为圆心，以 O_1A、O_2C 为半径画圆，得到的 4 段圆弧即为所求，加深图线，完成作图，如图 1-53（c）所示。

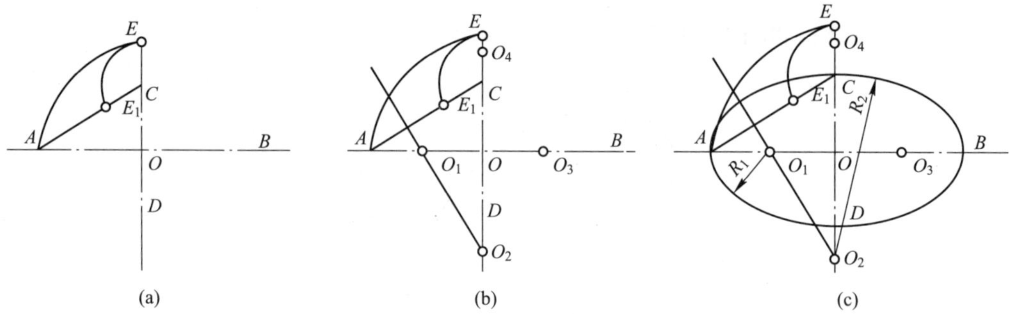

图 1-53　四心近似画椭圆

二、绘制斜度和锥度

1. 斜度

斜度是一直线对另一直线或一平面对另一平面的倾斜程度。其大小是以它们之间夹角的正切表示，如图 1-54 所示，并把比值化为 1∶n 的形式。即：

$$S=\tan\alpha=H:L=1:\left(\frac{L}{H}\right)=1:n$$

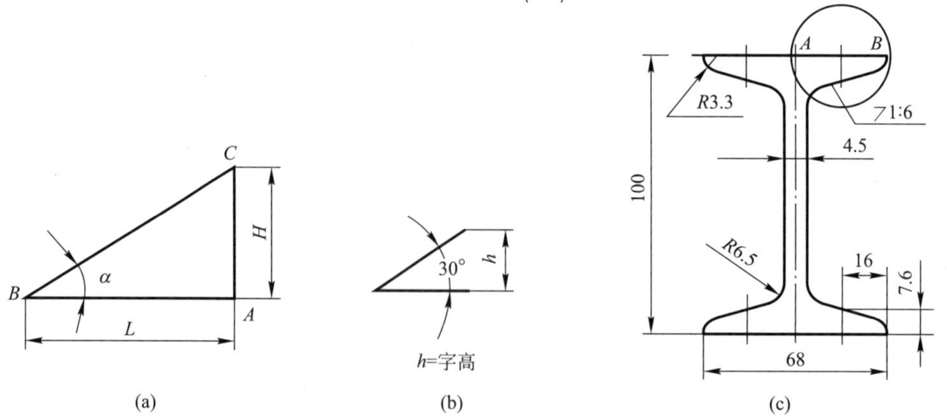

图 1-54　斜度

斜度符号如图 1-55 所示，符号的斜度方向应与斜度方向一致。

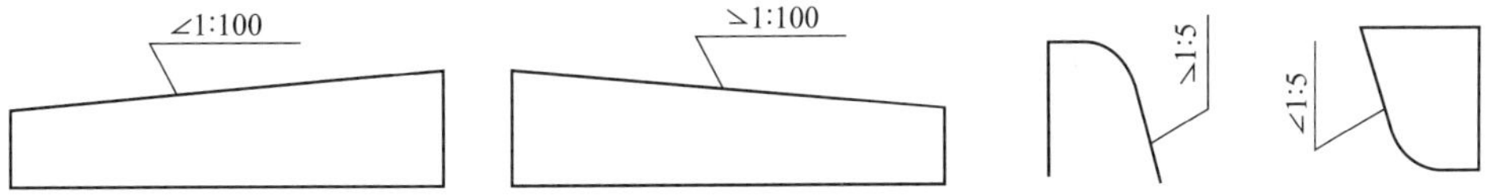

图 1-55　斜度符号

2. 锥度

锥度是指正圆锥的底圆直径与圆锥高度之比，即 $D:H$。而圆台锥度就是两个底圆直径之差与圆台高度之比，如图 1-56 所示。即：锥度 $C=(D-d)/L=2\tan\alpha/2$，锥度也转化成 $1:n$的形式表示。

锥度符号按图绘制，符号方向应与锥度方向一致。锥度标注在与指引线相连的基准线上，如图 1-56 所示。

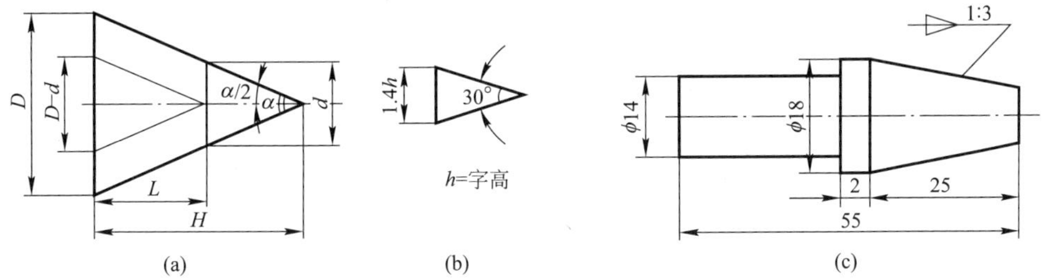

图 1-56　锥度及其符号

任务四　平面图形画法解析

一、任务引入

平面图形是由直线、圆弧连接组成的。尺寸标注和线段间的连接确定了平面图形的形状和位置，因此要对平面图形的尺寸、线段进行分析，以确定画图顺序和正确标注。请绘制如图 1-57 所示的手柄平面图形。

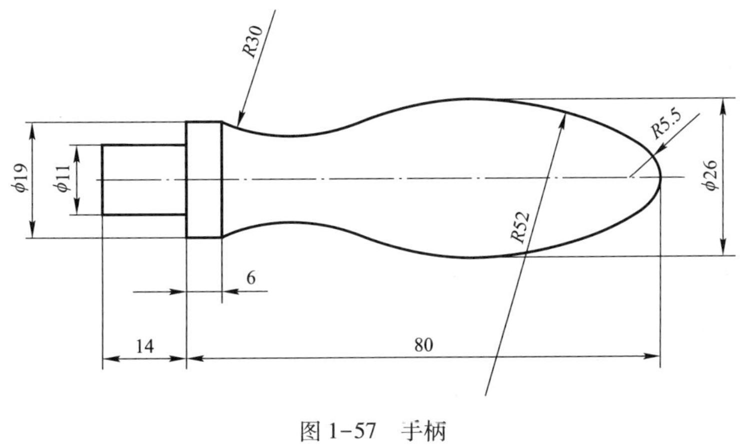

图 1-57　手柄

二、知识链接

为了能迅速、正确地画出平面图形，要先对图形的尺寸进行分析，确定图形各线段的性质，明确作图顺序。

1. 平面图形的尺寸

（1）定形尺寸

确定平面图形上各组成部分的形状大小的尺寸，即定形尺寸。如圆的直径或圆弧的半径、线段的长度以及角度的大小等。

（2）定位尺寸

确定平面图形上各组成部分之间相对位置的尺寸，即定位尺寸。

一般情况下，平面图形中每一部分都有两个方向的定位尺寸。

（3）尺寸基准

标注平面图形的尺寸，应先确定标注尺寸的起始位置，即尺寸起始点，称为尺寸基准。

一般平面图形中常用对称图形的对称中心线、较大圆的中心线、图形底线或端线作为基准线。

2. 平面图形的线段分析

一般平面图形中常用对称图形的对称中心线、较大圆的中心线、图形底线或端线作为基准线。

（1）已知线段

具有定形尺寸和两个方向的定位尺寸的线段称为已知线段。画图时应先画出这些已知线段。

（2）中间线段

只有定形尺寸和一个方向定位尺寸的线段称为中间线段。画图时应根据与其相邻的一个线段的连接关系画出。

（3）连接线段

只有定形尺寸的线段称为连接线段。一般要根据与其相邻的两线段的连接关系，用几何作图的方法将它们画出。

3. 绘图的基本方法与步骤

（1）绘图的准备工作

① 准备好所需的全部作图用具，擦净图板、丁字尺、三角尺。

② 削磨铅笔、铅芯。

③ 识读图形，对图形的尺寸进行分析，确定各种线段性质，拟定作图步骤。

④ 确定绘图比例，选取图幅，固定图纸。

⑤ 绘制图框线和标题栏框线。

（2）画底图

确定所绘对象在图纸上的确切位置。不分线型，全部采用超细实线（实际上要比细实线更细且轻）绘制。

① 匀称布置图形。

② 画出作图基准线、轴线、中心线等，确定图形位置。

③ 依次画出已知线段和已知圆弧。

④ 作图求解圆弧连接的圆心和切点。

⑤ 绘制中间线段、连接线段及需要确定位置的其他图线。

⑥ 仔细校对底稿图，修正错误，擦去多余图线。

小贴士：绘制底稿图时用 2H 或 H 铅笔，铅芯应经常修磨，保持尖锐；各种线型暂不分粗细，轻画细线，图形准确。

（3）描深加粗

① 先粗后细。先描粗全部粗实线，再加深全部虚线、点画线、细实线等，以提高作图速度和保持同类图线粗细一致。

② 先曲后直。画同一种线型时，应遵守先曲线后直线的原则，以保证连接圆滑。

③ 先上后下、先左后右。从上而下画水平线，从左到右画垂直线，最后从左到右画斜线，以提高作图速度和保持图面的整洁。

④ 画箭头，填写尺寸数字和标题栏，书写字体工整。

⑤ 修饰、校对，完成全图。

小贴士：描深加粗图线时，按图线规格选用 H、HB、B 铅笔描粗加深各种图线，铅笔应不断修磨和调整位置，用力要均匀，使同类图线粗细一致。制图工具和双手要保持清洁，及时清理图面上的铅芯末等杂物，保持图面整洁。

⑥ 完成作图。

三、任务实施

① 分析所绘图像，选定绘图比例及图纸大小为 A4 图纸。

② 布局，固定图纸。

③ 绘制图框线和标题栏框线，如图 1-58 所示。

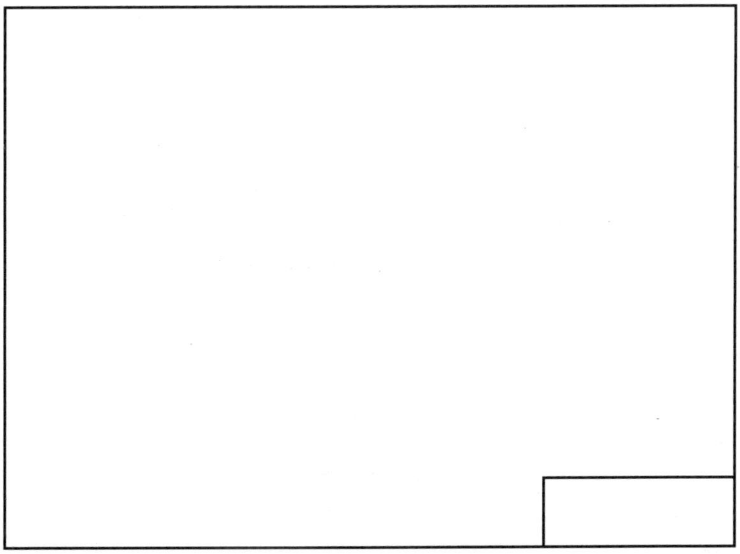

图 1-58　绘制图框线和标题栏框线

④ 定出图形的基准线，画已知线段，如图 1-59 所示。

图 1-59　图形的基准线和已知线段

⑤ 由已知线段画出中间线段，如图 1-60 所示。

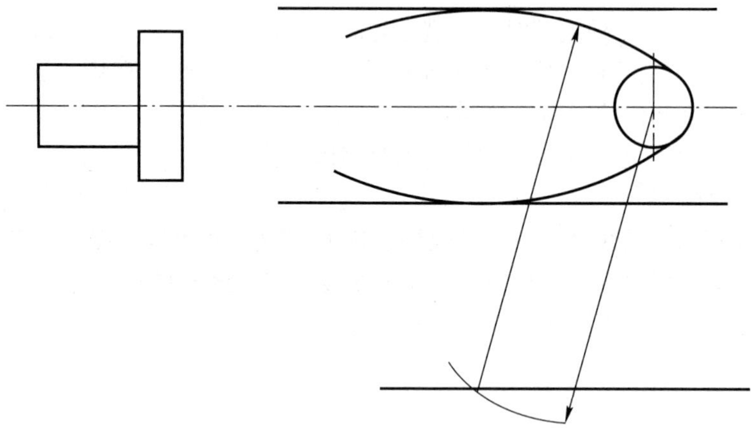

图 1-60　图形的基准线和中间线段

⑥ 根据已画出的线段再画出连接线段，如图 1-61 所示。

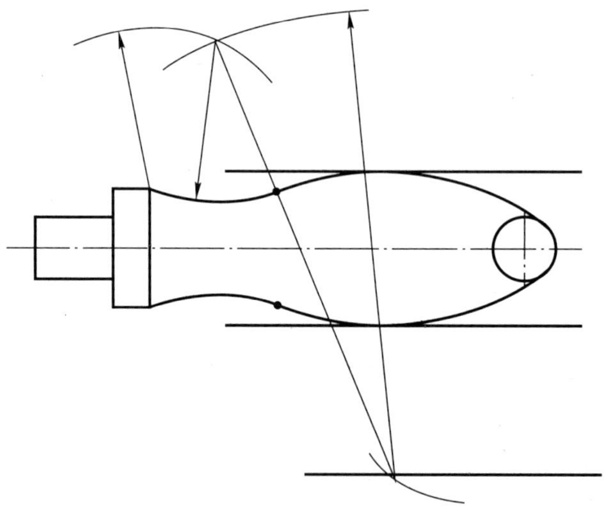

图 1-61　绘制连接线段

⑦ 检查加深。

擦除多余作图线，按规定线型要求加深图线，完成全图，如图 1-62 所示。

至此，任务完成。

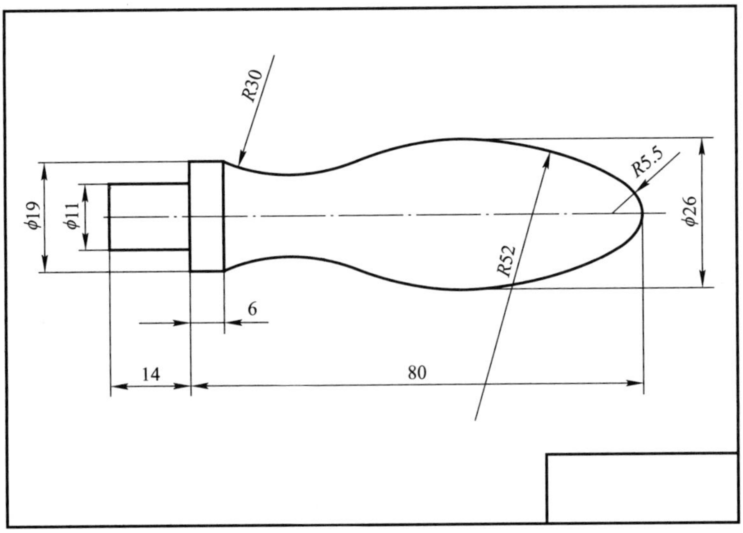

图 1-62　完成图形

项 目 小 结

1. 机械制图国家标准对图纸、比例、字体、图线及尺寸标注法等进行了具体规定。

2. 图板、丁字尺是手工绘图的基本工具，丁字尺与三角尺配合使用可以完成各种方位图线的绘制。

3. 对于常见的正多边形应用等分圆的方法绘制；对于圆弧内接、外切等连接，首先要确定连接弧的圆心，然后找到切点，最后做出连接弧。

项目二 基本体投影与轴测投影绘制

项目描述

本项目是课程重点之一，主要介绍图样的绘图原理、规律和方法，研究点、直线、平面和基本几何体在三投影面体系中的投影及其投影特性。

教学目标

【能力目标】

1. 能运用正投影法绘制简单立体三视图。
2. 学会点、直线、平面在三投影面体系中投影的特性。
3. 能在直线、平面上取点以及平面上取直线。
4. 能判断点、线、面的空间位置。
5. 能绘制基本体正等测轴测图和斜二测轴测图。

【知识目标】

1. 掌握正投影的基本概念。
2. 掌握三视图的形成及对应关系。
3. 掌握基本体正等测轴测图和斜二轴测图画法。

【素质目标】

1. 能够形成自主探究学习的意识。
2. 树立规范制图的责任意识，养成严谨认真的工作作风。

模块一　绘制简单形体的三视图

任务一　绘制物体的正投影图

一、任务导入

在阳光或灯光照射下，物体会在地面上留下一个灰黑的影子，这个影子只能反映出物体的轮廓，却表达不出物体的形状和大小。人们根据生产活动的需要，对这种现象经过科学的抽象，总结出了影子和物体之间的几何关系，逐步形成了投影法，使在图纸上准确而全面地表达物体形状和大小的要求得以实现。

图 2-1 所示为一物体立体图，立体图虽然直观形象，但它在表达物体时，某些结构的形状却发生了变形，如图 2-1 中矩形被表达为平行四边形，可见立体图很难准确地表达机件的真实形状。如何能准确表达物体的前表面形状和大小呢？这就要用到正投影知识。

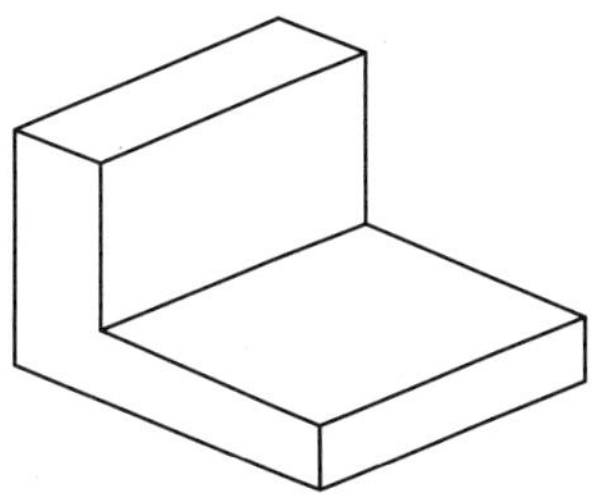

图 2-1　物体立体图

二、知识链接

1. 投影法

所谓投影法，就是一组投射线通过物体射向预定平面上得到图形的方法。如图 2-2 所示。过投射中心 S（视点）和矩形薄板各顶点（A、B、C、D）引投射线 SA、SB、SC、SD 并延长，与投影面 P 相交于点 a、b、c、d，连成矩形 $abcd$。平面 P 称为投影面，在 P 面上所得到的图形矩形 $abcd$ 称为矩形薄板 $ABCD$ 的投影。

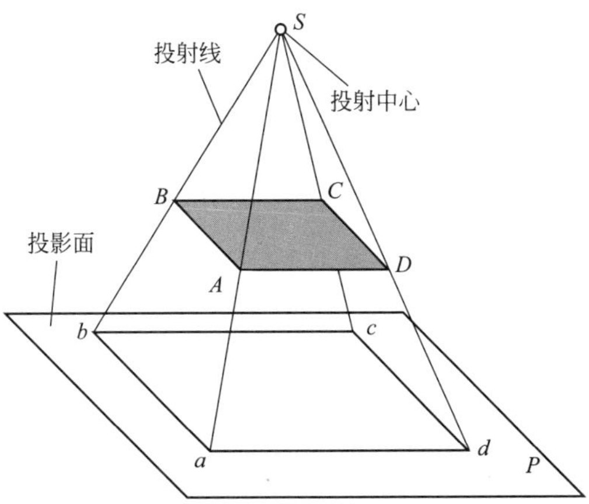

图 2-2　中心投影法

2. 投影法的种类

在工程上常用各种投影方法绘制工程图，常用投影方法有中心投影法和平行投影法。

（1）中心投影法

如图 2-2 所示的投影法中，所有的投影线都交汇于一点，称为中心投影法。中心投影法得到的物体的投影与投影中心、空间物体和投影面三者之间的位置有关，投影不能反映物体的真实大小，但是图形富有立体感。因此，中心投影法通常用来绘制建筑物或富有逼真感的立体图，也称为透视图。

（2）平行投影法

如图 2-3 所示，投射线 *Aa*、*Bb*、*Cc* 是相互平行的，称为平行投影法。根据投射线与投影面相交的角度（垂直或倾斜），平行投影法又分为正投影法和斜投影法。

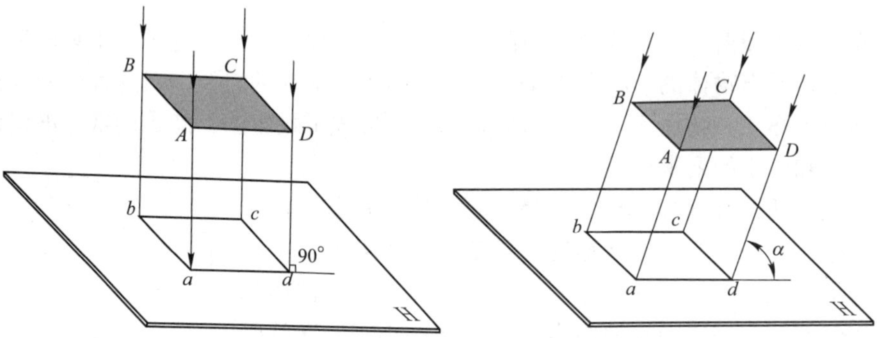

(a) 正投影法　　(b) 斜投影法

图 2-3　平行投影法

正投影法度量性好，作图简便，容易表达空间物体的形状和大小，在工程上应用较广。

（3）正投影基本性质

① 真实性。

当直线或平面与投影面平行时，直线的投影为反映空间直线实长的直线段，平面投影为反映空间平面实形的图形，正投影这种特性称为真实性。如图 2-4 所示。

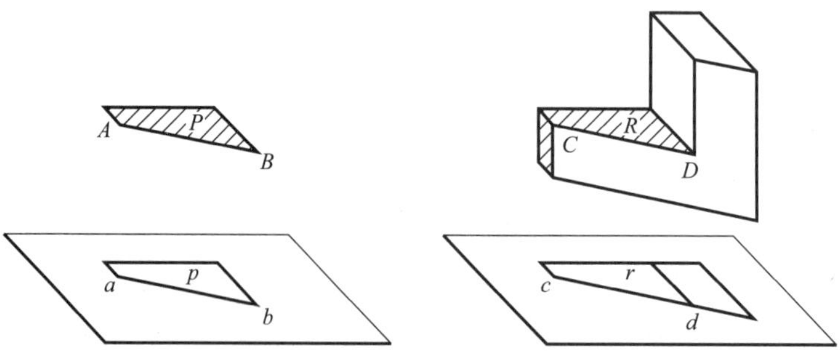

图 2-4　投影的真实性

② 积聚性。

当直线或平面与投影面垂直时，直线的投影积聚成一点，平面的投影积聚成一条直线，正投影的这种特性称为积聚性。如图 2-5 所示，直线 *AB* 与投影面垂直投影为点 *a*（*b*），平

面 P 垂直于投影面，投影为直线 p；平面 R 垂直于投影面，投影为直线 r，直线 CD 垂直于投影面，投影为直线 r。

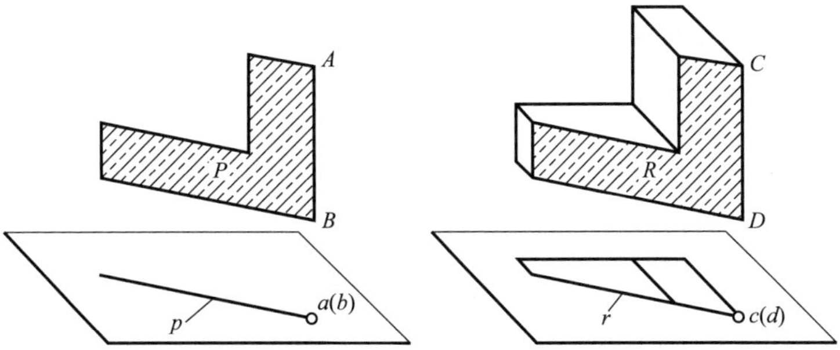

图 2-5　投影的积聚性

③ 类似性。

当直线或平面与投影面倾斜时，直线的投影为小于空间直线实长的直线段，平面的投影为小于空间实形的类似形，正投影的这种特性称为类似性。如图 2-6 所示。

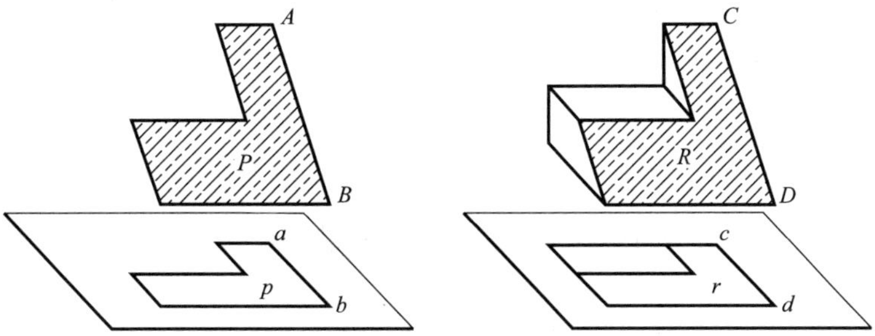

图 2-6　投影的类似性

三、任务实施

物体正投影图绘制步骤如下。

① 形体构成分析。很明显，图 2-1 物体是由两个长方体组合构成的。

② 自行量取图 2-1 中图形尺寸，选取合适比例作图。

③ 绘制中心线及上方长方体的投影，如图 2-7 所示。

小贴士：中心线用细点画线绘制。

④ 绘制下方长方体的投影，如图 2-8 所示。

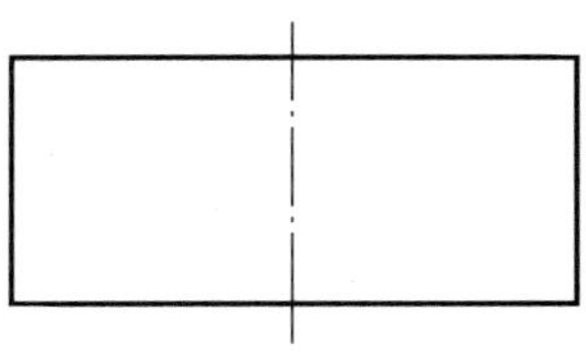
图 2-7　绘制中心线及上方长方体正投影图

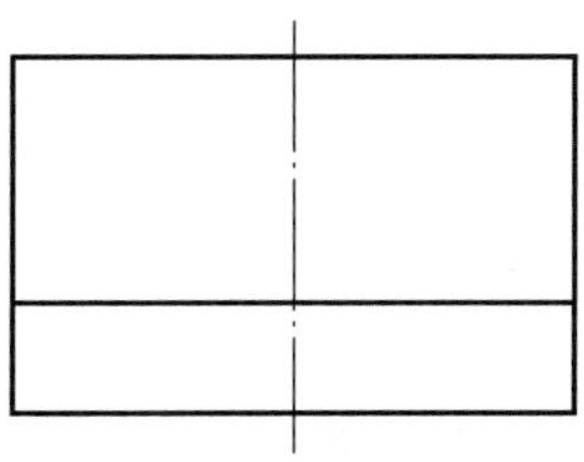
图 2-8　绘制下方长方体正投影图

⑤ 擦除多余的图线，描深加粗。

至此，任务完成。

任务二　绘制物体的三视图

一、任务导入

用正投影法在投影面得到物体的图形，称为视图。

一个视图只能表达物体一个面的形状，如图 2-9 所示，但不能完整地表达物体的全部形状，如图 2-10 所示。

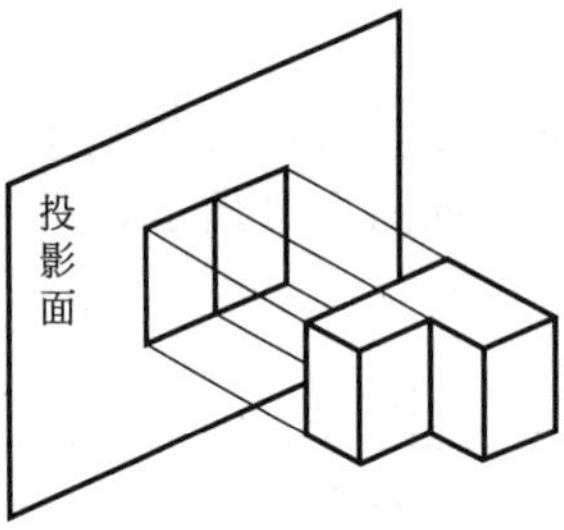

图 2-9　物体的投影

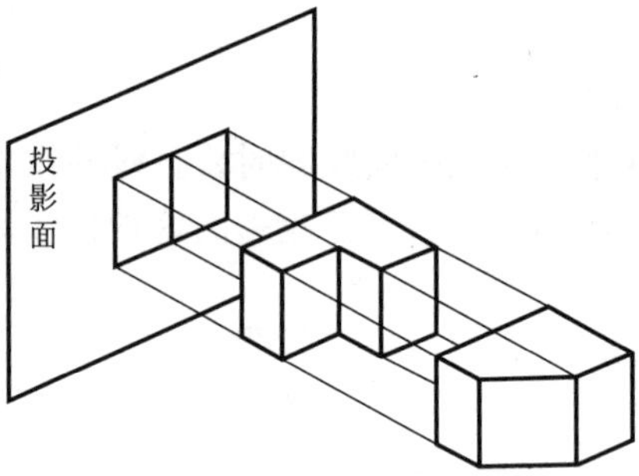

图 2-10　一个视图不能确定物体形状

工程上为了准确表达物体的形状采用从多个方向进行投射，得到多个视图，通常用三视图表达物体的形状。

请绘制图 2-11 所示轴测图的三视图。

图 2-11　轴测图

二、知识链接

1. 三投影面体系的建立

设立 3 个互相垂直的平面 V、H、W 把空间分为八个部分，每一部分叫作一个分角，分别称为Ⅰ分角、Ⅱ分角……Ⅷ分角，如图 2-12 所示。世界上有些国家规定将形体放在第一分角内进行投影。也有一些国家规定将形体放在第三分角内进行投影，我国采用第一角投影法。平面 V、H、W 称为三投影面，它们构成了三投影面体系。

图 2-12 所示为第一分角的三投影面体系。三投影面体系由 3 个相互垂直的投影面和 3 条投影轴（立体坐标）构成，故对体系采用以下的名称和标记。

（1）三个投影面认知

① 正立投影面。简称正面或 V 面。物体在 V 面上的正投影图称为主视图。

② 水平投影面。简称水平面或 H 面。物体在 H 面上的正投影图称为俯视图。

③ 侧立投影面。简称侧面或 W 面。物体在 W 面上的正投影图称为左视图。

三个投影面上的三视图如图 2-13 所示。

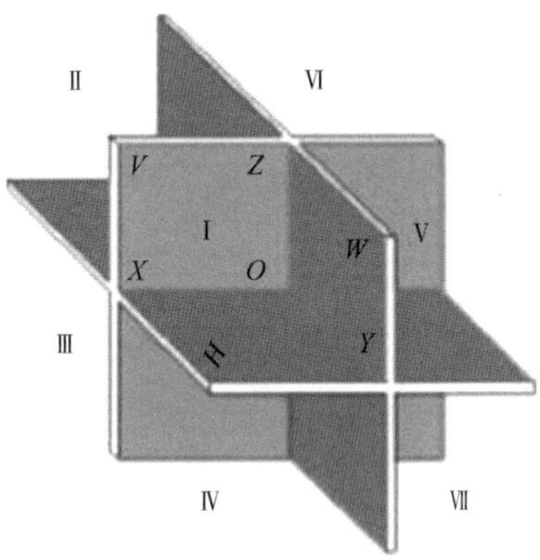

图 2-12　空间的分角

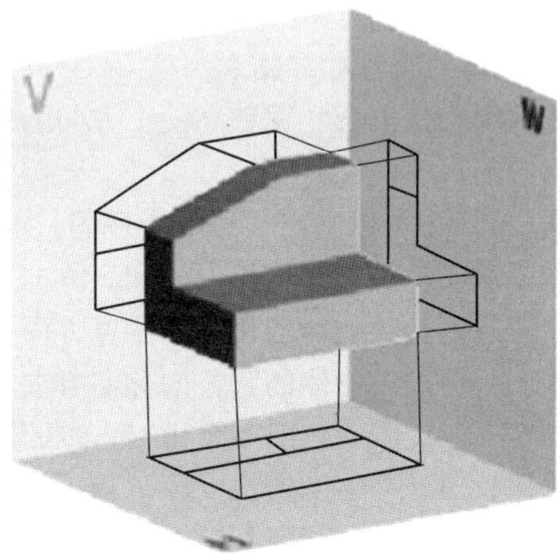

图 2-13　三视图

（2）投影轴

投影面间的交线称为投影轴。

① OX 轴（简称 X 轴），是 V 面与 H 面的交线，代表长度方向。

② OY 轴（简称 Y 轴），是 H 面与 W 面的交线，代表宽度方向。

③ OZ 轴（简称 Z 轴），是 V 面与 W 面的交线，代表高度方向。

（3）原点

三个投影轴交于一点 O，O 点称为投影原点。

2. 三视图的形成

为了把三个视图画在同一张图纸上，必须将相互垂直的三个投影面展开在一个平面上。转换方法如下：V 面保持不动，将 H 面绕 X 轴向下转 90°，W 面绕 Z 轴向后转 90°，V、H 和 W 三个投影面就在同一平面上展示，如图 2-14 所示。

由此可知，三视图之间的相对位置是固定的，即主视图定位后，俯视图在主视图的下方，左视图在主视图的右方。

小贴士：在 H 和 W 面的转换中 Y 轴分成两条，记做 Y_H 和 Y_W。

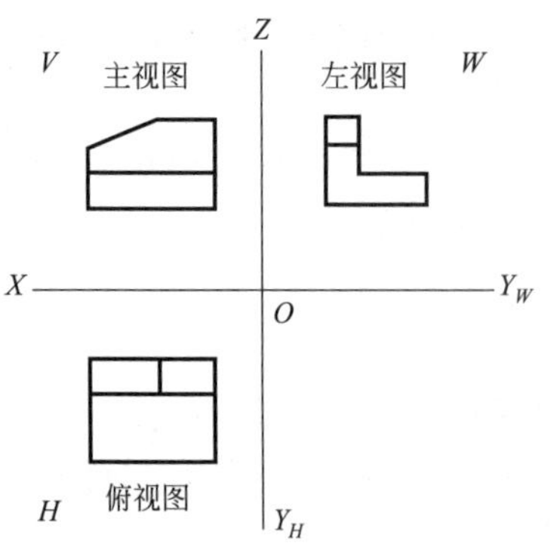

图 2-14　投影面的展开

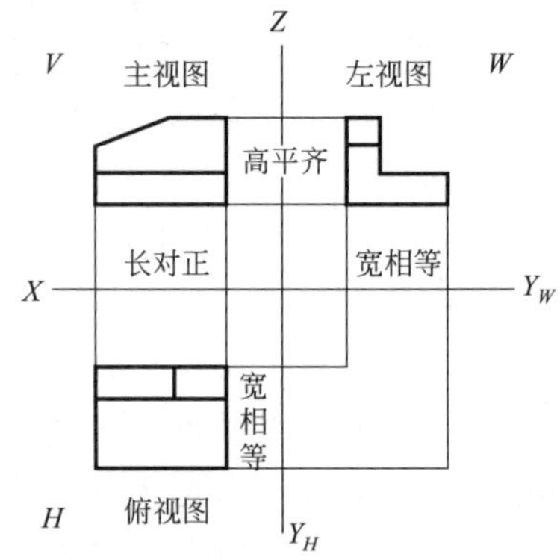

图 2-15　三视图

3. 三视图之间的对应关系

物体的大小是由长、宽和高三个方向的尺寸所决定的，那么三视图中的每一个视图能反映几个方向的尺寸呢？

从图 2-14 中可以看出，每一个视图只能反映出物体两个方向的尺度，即

主视图——反映物体的长方向和高方向尺寸；

俯视图——反映物体的长方向和宽方向尺寸；

左视图——反映物体的宽方向和高方向尺寸。

从图 2-15 中可以得出三视图之间的投影规律（简称三等规律），即

主、俯长对正——两者都反映了物体的长方向尺寸；

主、左高平齐——两者都反映了物体的高方向尺寸；

俯、左宽相等——两者都反映了物体的宽方向尺寸。

小贴士：理解和运用三等关系可以准确迅速地绘制物体的三视图，不论是视图的总体还是局部都应满足三等关系，是否符合三等关系也是检查所画视图是否有差错的依据。

4. 三视图与物体方位的对应关系

物体有上、下、左、右、前、后六个方位，从三视图中可以看出，每一个视图只能反映物体的四个方位，即

主视图能反映物体的上下和左右方位；

俯视图能反映物体的左右和前后方位；

左视图能反映物体的上下和前后方位。

画图与看图时，要特别注意俯视图和左视图的前、后对应关系，即：俯、左视图远离主视图的一边，表示物体的前面；靠近主视图的一边，表示物体的后面，如图 2-16 所示。

三、任务实施

根据物体（或轴测图）画三视图时，应先选好主视图的投射方向，然后摆放物体（使物体的主要表面尽量平行于投影面），再根据图纸幅面和视图的大小，画出三视图的定位线。绘制图 2-11 的三视图，具体作图步骤如下。

① 绘制对称线、基准线，如图 2-17 所示。

② 绘制物体底板三视图。

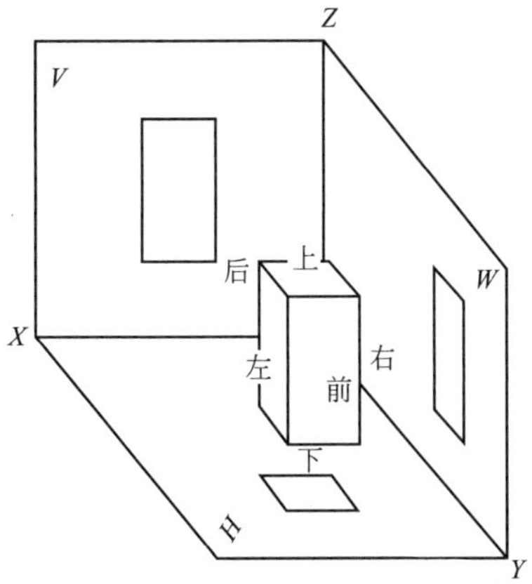

(a) 立体图

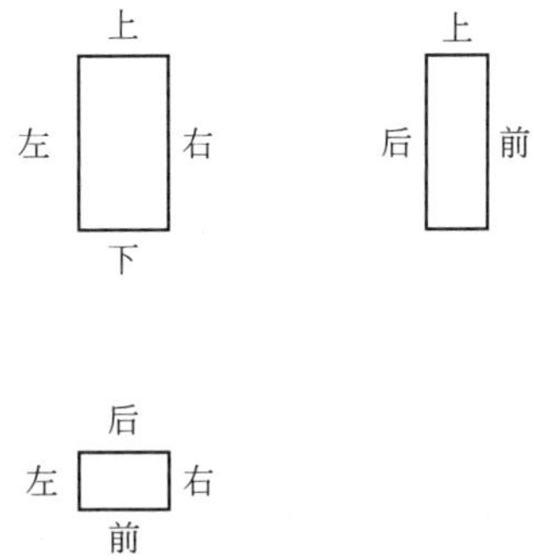

(b) 投影图

图 2-16　三视图的方位关系

测量底板的“长”“宽”“高”，选取合适比例画出三视图，如图 2-18 所示。要求符合三等规律。

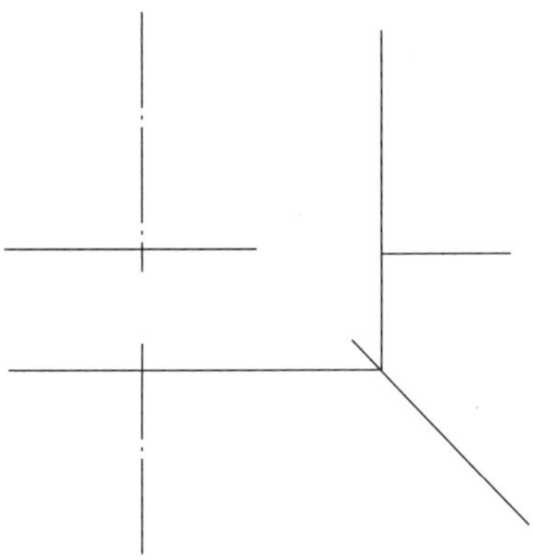

图 2-17　画对称线、基准线

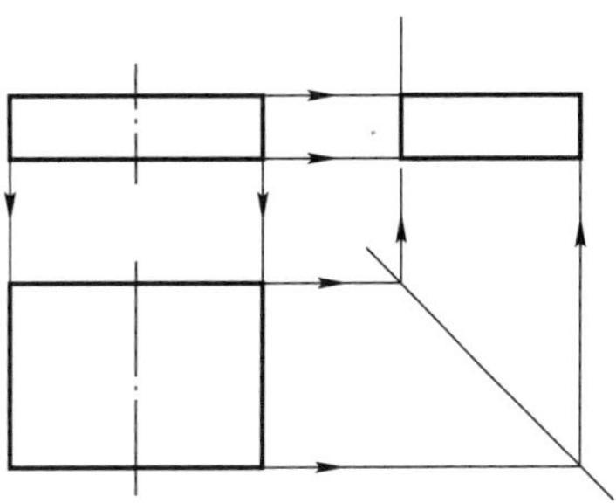

图 2-18　绘制底板图

③ 再绘制物体立板三视图。

在底板三视图基础上绘制立板三视图，如图 2-19（a）所示。

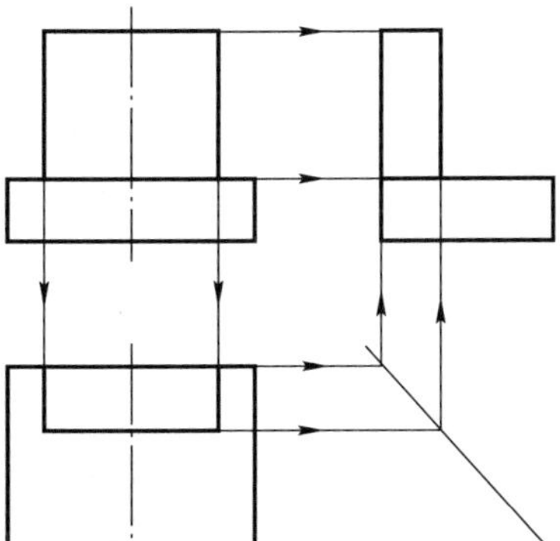

(a) 绘制立板图

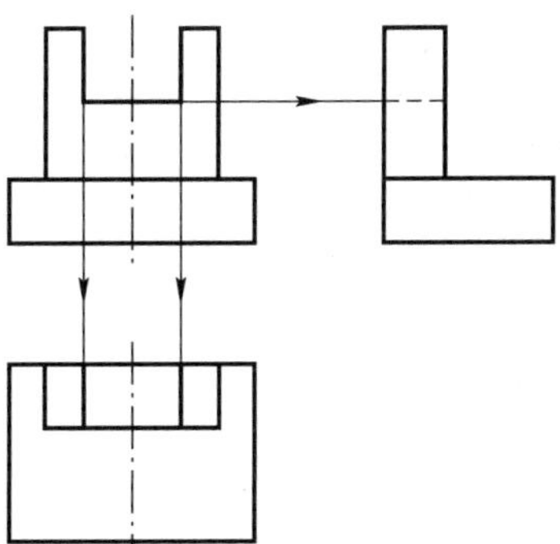

(b) 绘制缺口图

图 2-19　立板图

④ 最后，按三等规律绘制立面缺口，如图 2-19（b）所示。

⑤ 完成三视图绘制。注意可视轮廓线用粗实线绘制，不可视线条用细虚线绘制，如图 2-20所示。

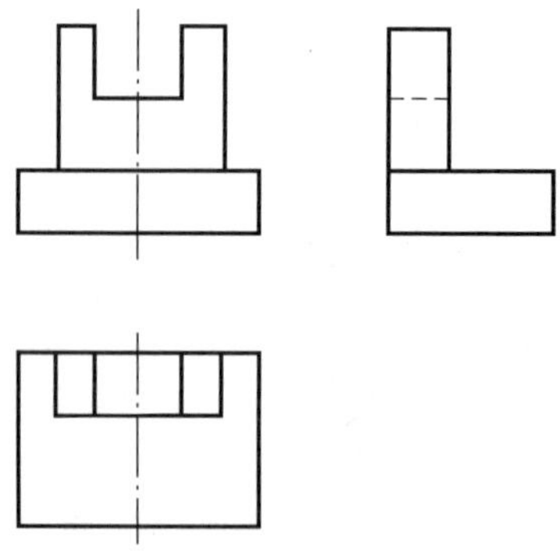

图 2-20　物体三视图

至此，任务完成。

【知识拓展】

一、点的投影

1. 点的投影规律

如图 2-21（a）所示，将空间点 A 置于三个相互垂直的投影面体系中，分别作垂直于 V 面、H 面、W 面的投射线，得到点 A 的正面投影 a'、水平面投影 a、侧面投影 a''。

规定：空间点用大写拉丁字母表示，如 A、B、C；水平面投影用相应的小写字母表示，如 a、b、c……；正面投影用相应的小写字母加一撇表示，如 a'、b'、c'……；侧面投影用相应的小写字母加两撇表示，如 a''、b''、c''……

如图 2-21（b）所示，将投影面按箭头所指的方向摊平在一个平面上，得到点 S 的三面投影，如图 2-21（c）所示。图中 a_X、a_Y、a_Z 分别为点的投影连线与投影轴 X、Y、Z 的交点。

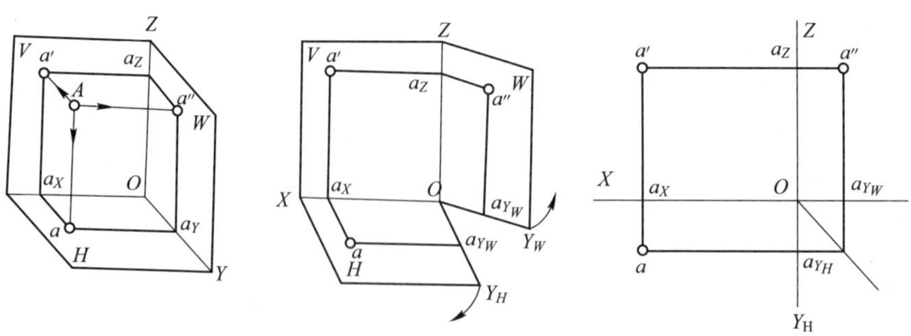

(a) 点的空间位置　(b) 投影面的展开　(c) 点的三面投影

图 2-21　点的投影规律

通过点的三面投影的形成过程，可总结出点的投影规律。

① 点的两面投影的连线，必定垂直于相应的投影轴。

$a'a \perp OX$ 轴　$a'a'' \perp OZ$ 轴

② 点的投影到投影轴的距离，等于空间点到相应的投影面的距离（影轴距=点面距），如图 2-22 所示。

$aa_X = a''a_Z = y = A$ 到 V 面的距离

$a'a_X = a''a_Y = z = A$ 到 H 面的距离

$aa_Y = a'a_Z = x = A$ 到 W 面的距离

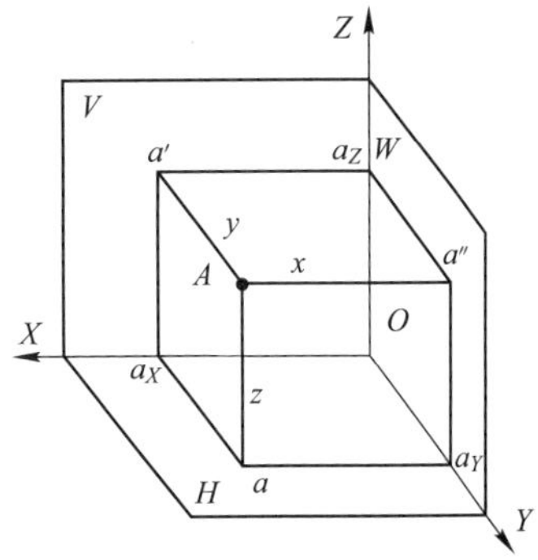

图 2-22　点的投影与坐标的关系

2. 两点的相对位置

两点在空间的相对位置，可以由两点的坐标关系来确定。两点的正面投影反映两点的上下、左右位置关系；两点的水平投影反映两点的左右、前后位置关系；两点的侧面投影反映两点的上下、前后位置关系。空间两点的相对位置，由它们的坐标差确定。

两点相对位置的判别：两点的相对位置指两点在空间的上下、前后、左右位置关系。

判断两点相对位置的方法：x 坐标大的在左；y 坐标大的在前；z 坐标大的在上。

如图 2-23（a）所示，判断 A、B 两点的相对位置关系，很明显，B 点在 A 点的右方、前方、下方。

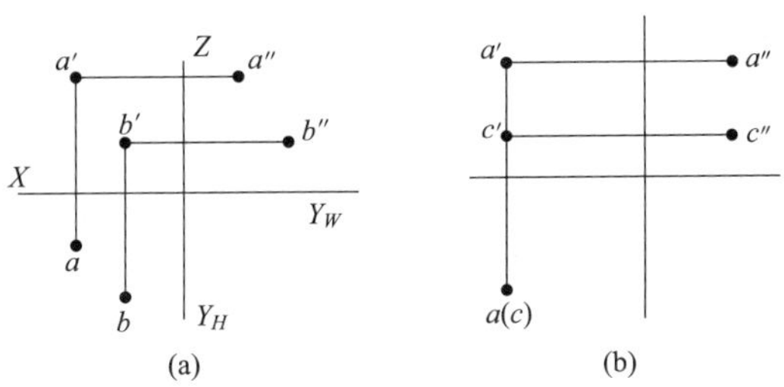

图 2-23　两点的相对位置关系图

小贴士：空间两点在某一投影面上的投影重合为一点时，则称此两点为该投影面的重影点。在投影图中，对不可见点的标记，需加圆括号（）表示，如图 2-23（b）中的重影点投影表示为（c）。

二、直线的投影

1. 直线的三面投影

两点确定一条直线，将直线上两点在同一投影面上的投影（简称同面投影）用直线连接，就得到直线的同面投影。

如图 2-24（a）所示，已知四棱台的侧棱 AB，分别作点 A、B 的三面投影 a、a'、a''和 b、b'、b''……，然后将其同面投影的两点连接起来，即得 AB 的三面投影 ab、$a'b'$、$a''b''$，如图 2-24（b）、（c）所示。

直线倾斜于投影面投影比空间线段短，$ab = AB\cos\alpha$。

2. 直线的投影

① 直线对一个投影面的投影，如图 2-25 所示。

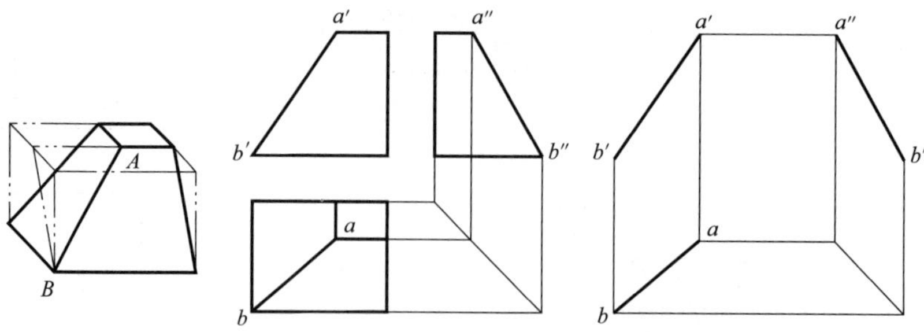

(a)　(b)　(c)

图 2-24　直线对一个投影面的投影

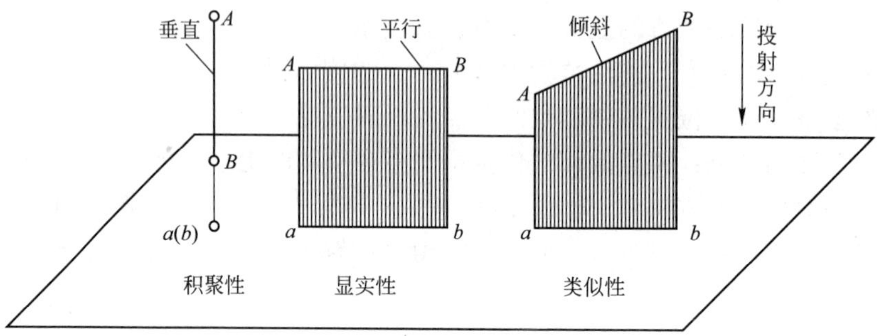

图 2-25　直线对一个投影面的投影

② 各种位置直线的投影特性。直线在三面投影体系中有三种位置：投影面垂直线、投影面平行线、一般位置直线，前两种直线又称为特殊位置直线。

a）投影面垂直线的投影特性。

垂直于一个投影面并与其他投影面平行的直线，称为投影面垂直线。垂直于 H 面的称为铅垂线；垂直于 V 面的称为正垂线；垂直于 W 面的称为侧垂线，如图 2-26 所示。

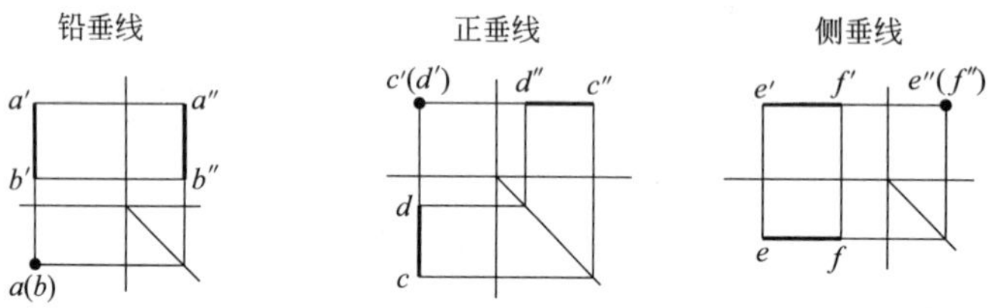

图 2-26　投影面垂直线的名称

投影特性：在其垂直的投影面上，投影有积聚性。另外两个投影，反映线段实长，且垂直于相应的投影轴。

b）投影面平行线的投影特性。

平行一个投影面，并且与其他两个投影面倾斜的直线，称为投影面平行线。平行于 H 面的直线称为水平线；平行于 V 面的直线称为正平线；平行于 W 面的直线称为侧平线，如图 2-27 所示。

投影特性：在其平行的那个投影面上的投影反映实长，并反映直线与另两投影面倾角的实际大小。另两个投影面上的投影平行于相应的投影轴。

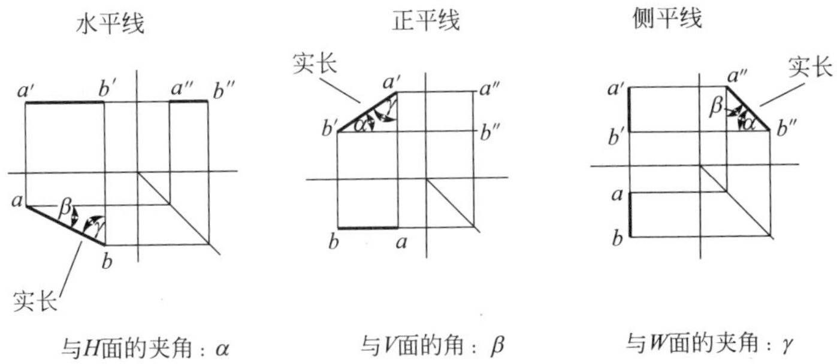

图 2-27　投影面垂直线的名称

c）一般位置直线及其投影特性。

直线的各投影均对投影轴倾斜；直线的各投影与投影轴的夹角并不反映空间直线与相应投影面的倾角。当直线 *AB* 倾斜于投影面时，它在该投影面上的投影 *ab* 长度小于实长，缩短多少，根据对投影面夹角大小确定，如图 2-28 所示。

判断直线与投影面关系的方法如下。

投影面平行线：有两个平行于投影轴的投影。

投影面垂直线：有两个垂直于投影轴的投影，有一个投影积聚成一点。

一般位置直线：有三个不平行于投影轴的投影。

3. 直线上的点

直线上的点具有两个特性。

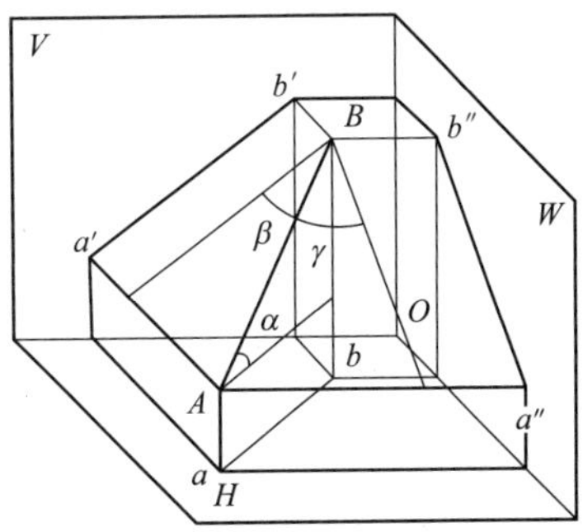

图 2-28　直线的投影

① 从属性。

若点在直线上，则点的投影必在直线的各同面投影上。反之，如果点的投影均在直线的同面投影上，则点必在该直线上，否则点不在该直线上。利用这一特性可以在直线上找点，或判断已知点是否在直线上。

② 定比性。

点分线段之比，在投影后保持不变。如图 2-29 所示，即：

$$AC:CB=ac:cb=a'c':c'b'$$

点在直线上的判别方法：若点在直线上，则点的投影必在直线的同面投影上。并将线段的同面投影分割成与空间相同的比例，如图 2-29 所示。即：

$$AC/CB=ac/cb=a'c'/c'b'$$

若点的投影有一个不在直线的同面投影上，则该点必不在此直线上。

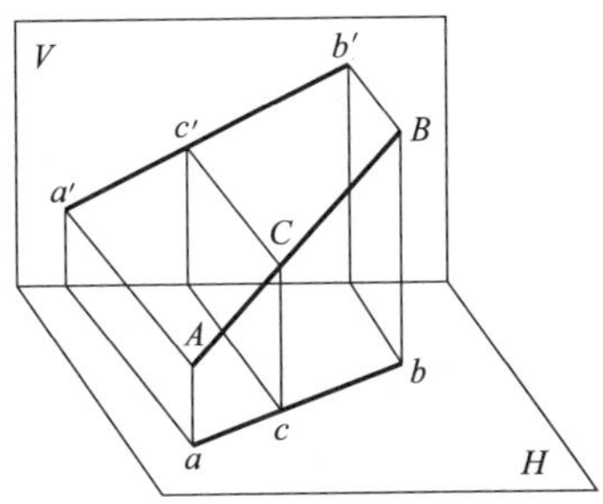

图 2-29　直线上的点

三、平面的投影

1. 平面的三面投影

不属于同一直线的三点可确定一个平面。因此平面可以用下列任何一组几何要素的投影来表示，如图 2-30 所示。在投影中，常用平面图形来表示空间的平面。

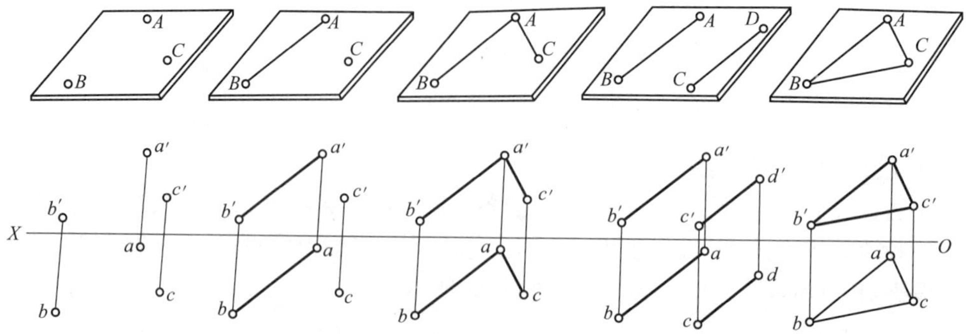

不在直线上的点　一直线和直线外一点　相交两直线　平行两直线　任意平面图形

图 2-30　平面的表示法

2. 各种位置平面的投影

空间平面根据位置不同，可以分为 3 类，具体见表 2-1。

表 2-1　平面的分类

一般位置平面	与三个投影面都倾斜	一般位置平面
投影面垂直面	垂直于某投影面，倾斜于另外两投影面	① 正垂面； ② 铅垂面； ③ 侧垂面
投影面平行面	平行于某投影面	① 正平面； ② 水平面； ③ 侧平面

分析平面的位置及名称，见表 2-2。

表 2-2　平面的位置及其投影特性

名称	立体图	投影图	投影特征
正垂面	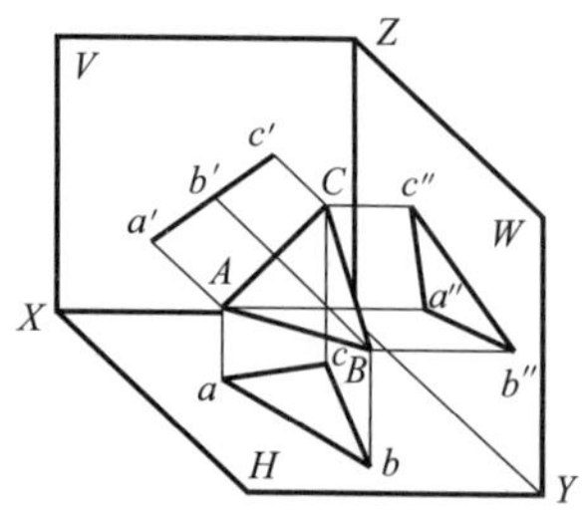	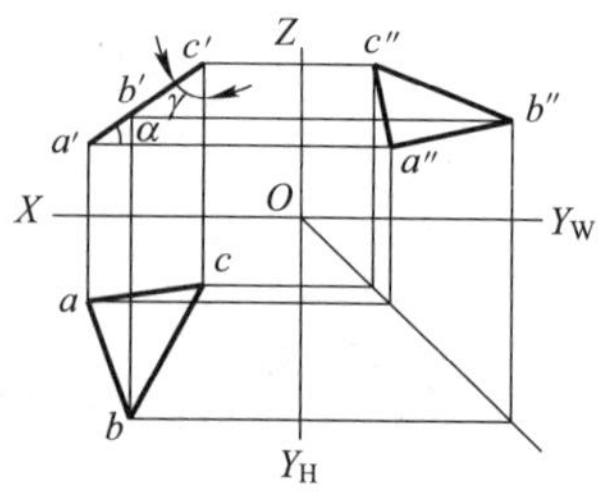	① 正面投影积聚成直线； ② 水平投影和侧面投影为平面的类似形； ③ α、γ 为实角

续表

名称	立体图	投影图	投影特征
铅垂面	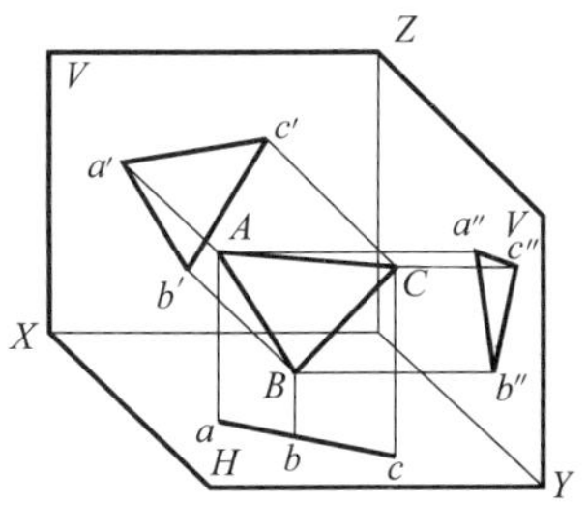	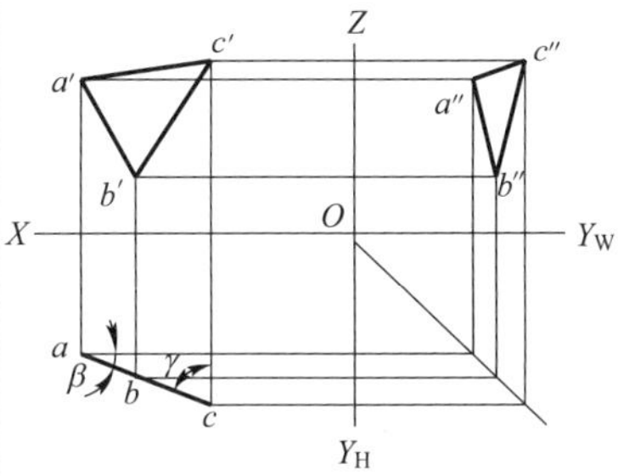	① 水平投影积聚成直线； ② 正面投影和侧面投影为平面的类似形； ③ β、γ 为实角
侧垂面	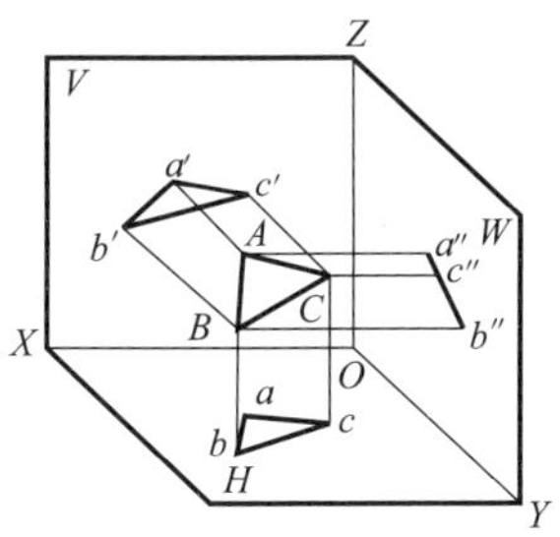	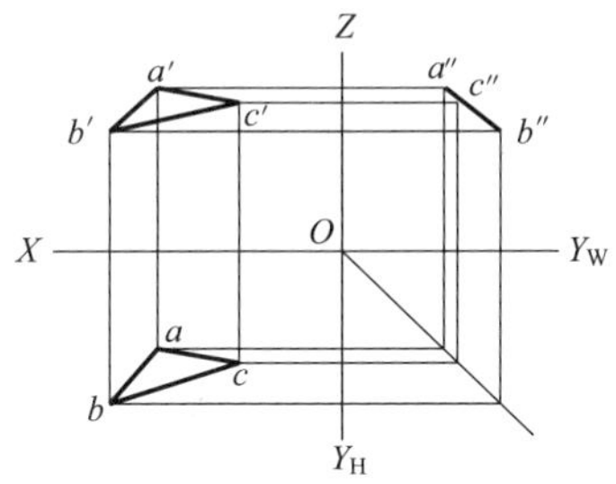	① 侧面投影积聚成直线； ② 正面投影和水平投影为平面的类似形； ③ α、β 为实角
水平面	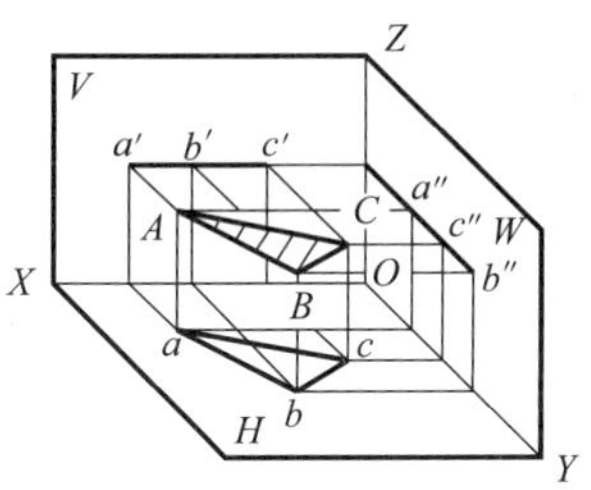	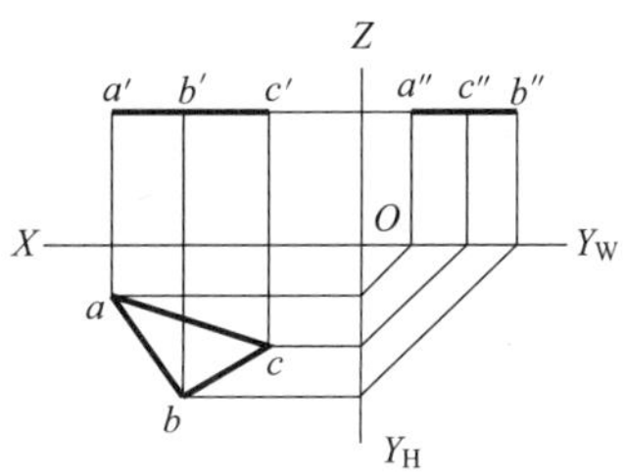	① 水平投影反映实形； ② 正面投影积聚成直线，且平行于 OX 轴； ③ 侧面投影积聚成直线，且平行于 OY 轴
正平面	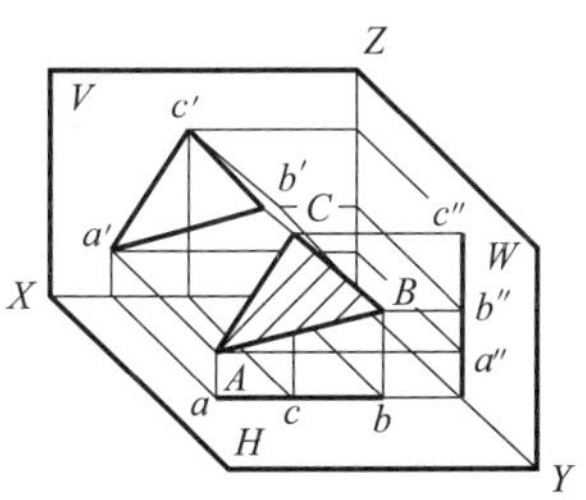	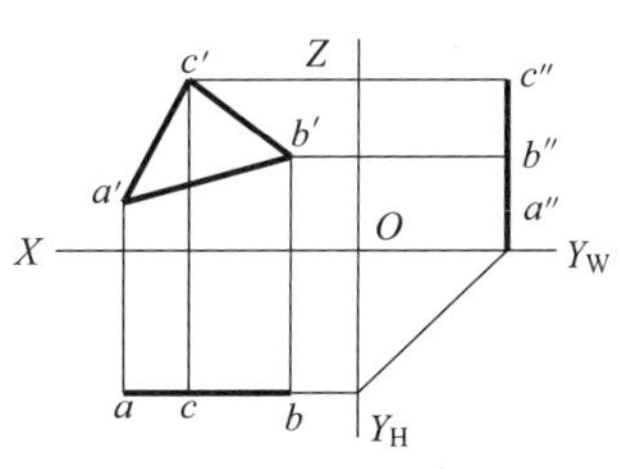	① 正面投影反映实形； ② 水平投影积聚成直线，且平行于 OX 轴； ③ 侧面投影积聚成直线，且平行于 OZ 轴
侧平面	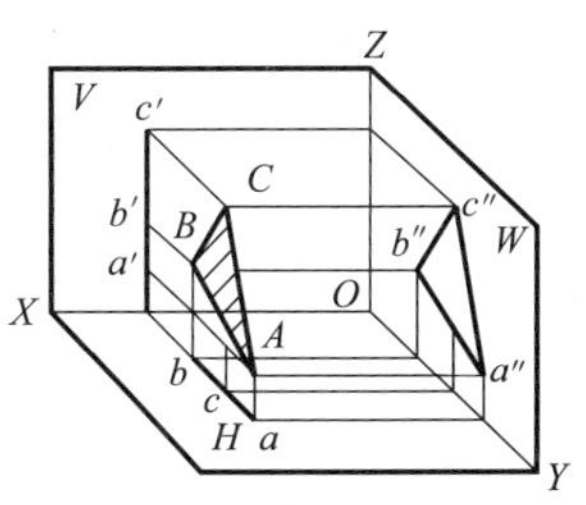	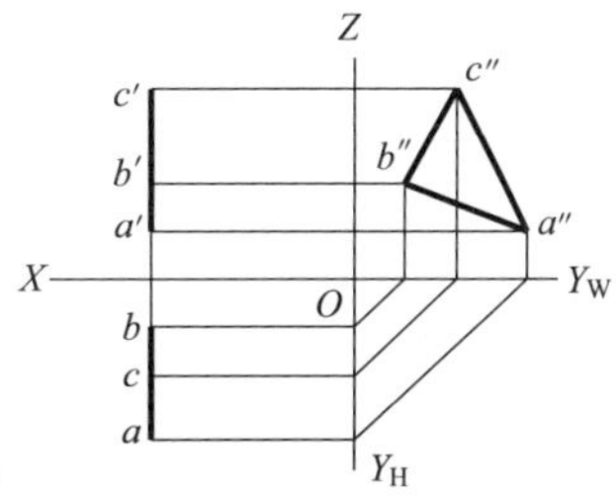	① 侧面投影反映实形； ② 正面投影积聚成直线，且平行于 OZ 轴； ③ 水平投影积聚成直线，且平行于 OY 轴

模块二　绘制基本立体的投影

几何体分为平面立体和曲面立体。表面均为平面的立体，称为平面立体；表面由曲面或曲面与平面组成的立体，称为曲面立体。

本模块重点讨论上述两类立体的三视图画法，以及在立体表面上取点、线的作图问题。

任务一　绘制平面立体图形的三视图

一、任务导入

绘制正六棱柱和正三棱锥的三视图，如图 2-31 所示。

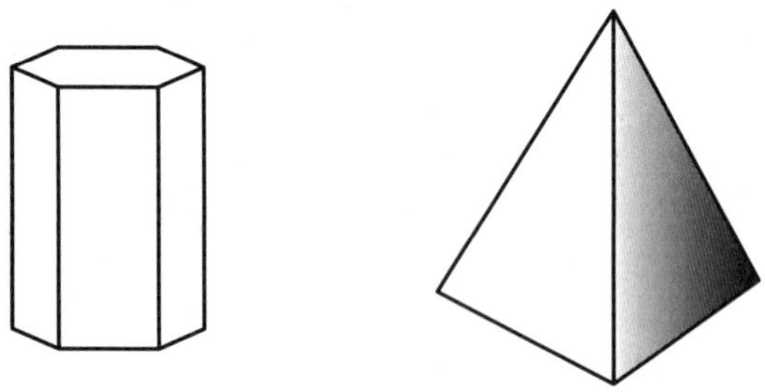

图 2-31　正六棱柱和正三棱锥

二、知识链接

1. 棱柱的三面投影

棱柱由两个底面和几个侧棱面组成。侧棱面与侧棱面的交线叫侧棱线，侧棱线相互平行。如图 2-32 所示，正六棱柱，其顶面、底面均为水平面，它们的水平投影反映实形，正面及侧面投影重影为一直线。

2. 棱锥的三面投影

棱锥由一个底面和几个侧棱面组成。侧棱线交于有限远的一点——锥顶。如图 2-33 所示正三棱锥的投影由底面△*ABC* 和三个棱面△*SAB*、△*SBC* 和△*SAC* 组成。底面为水平面，其水平面投影反映实形，正面和侧面投影积聚成直线。棱面△*SAC* 为侧垂面，侧面投影积聚成直线，水平面投影和正面投影都是类似形。棱面△*SAB* 和△*SBC* 为一般位置平面，其三面投影均为类似形。棱线 *SB* 为侧平线，棱线 *SA*、*SC* 为一般位置直线，棱线 *AC* 为侧垂线，棱线 *AB*、*BC* 为水平线。

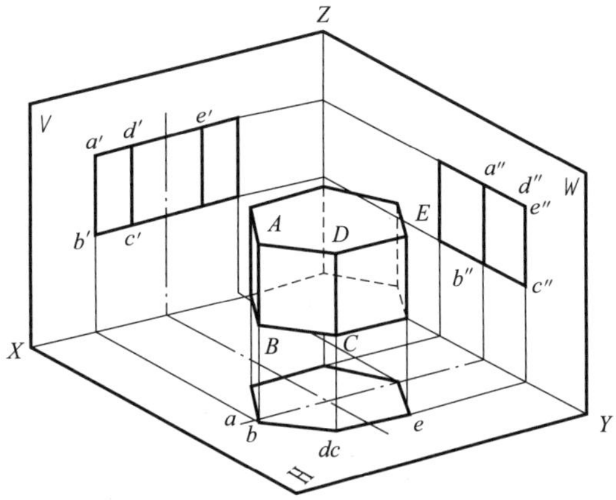

图 2-32　正六棱柱的投影分析

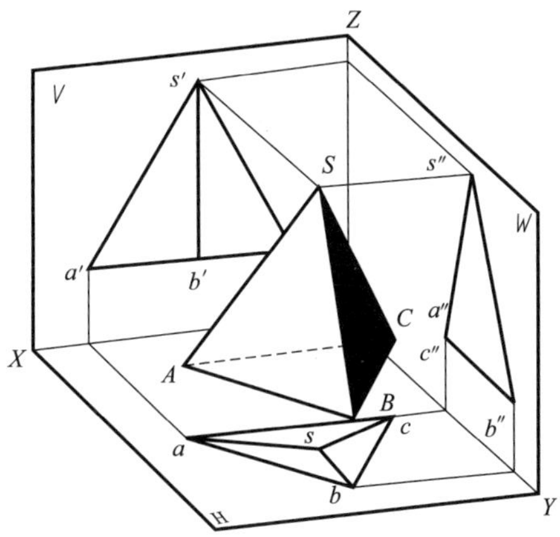

图 2-33　正六棱柱的投影

三、任务实施

1. 绘制正六棱柱的三视图

① 画出正六棱柱的水平投影正六边形，如图 2-34 所示。

② 根据投影规律画出其他的两个投影，如图 2-35 所示。

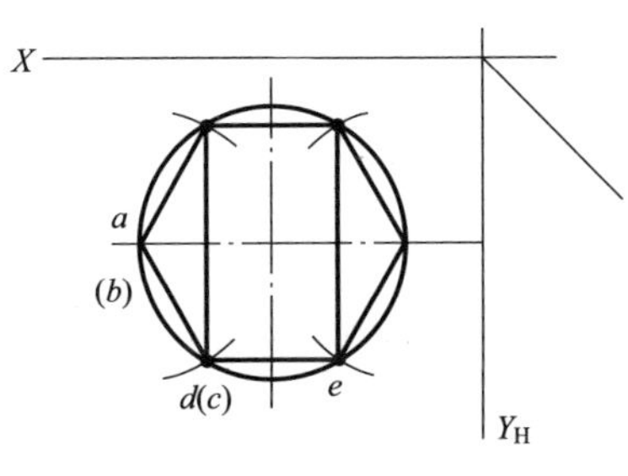

图 2-34　正六棱柱的水平投影

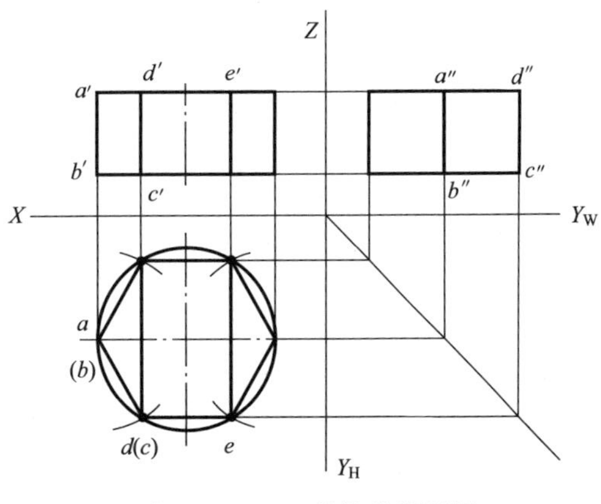

图 2-35　正六棱柱的投影图

2. 绘制正三棱锥的三视图

底边 AB、BC 为水平线，AC 为侧垂线，棱线 SB 为侧平线，SA、SC 为一般位置直线，它们的投影可根据不同位置直线的投影特性进行分析。用绘制正六棱柱三视图的方法绘制正三棱锥的三视图，如图 2-36 所示。

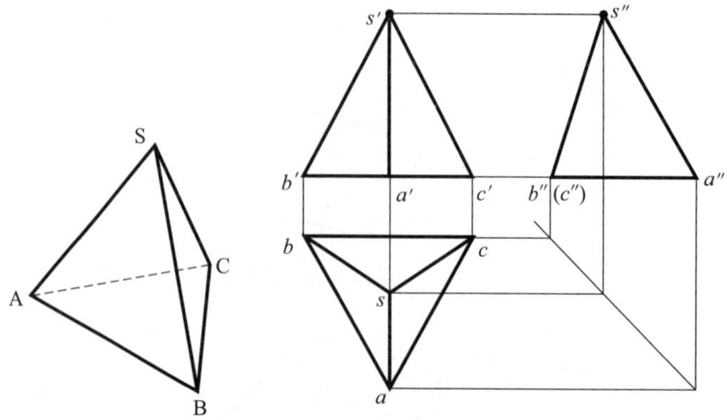

图 2-36　正三棱锥的投影图

至此，任务完成。

模块三　绘制基本立体的正等轴测图

之前，我们学习的是根据物体绘制在不同投影面上的正投影图，能够正确反映物体长、宽、高尺寸的正投影工程图（主视图、俯视图、左视图三个基本视图）称为三视图，这是工程界对物体几何形状约定俗成的一种抽象表达方式。

轴测图是一种单面投影图，在一个投影面上能同时反映出物体三个坐标面的形状，并接近于人们的视觉习惯，形象、逼真，富有立体感。但是轴测图一般不能反映出物体各表面的实形，因而度量性差，同时作图较复杂。因此，在工程上常把轴测图作为辅助图样，来说明机器的结构、安装、使用等情况，在设计中，用轴测图帮助构思、想象物体的形状，以弥补正投影图的不足。绘制和识读轴测图也是工程技术人员必备的能力之一。

任务一　绘制平面立体正等轴测图

一、任务导入

根据图 2-37 所示正六棱柱及其主、俯视图，绘制其正等轴测图。

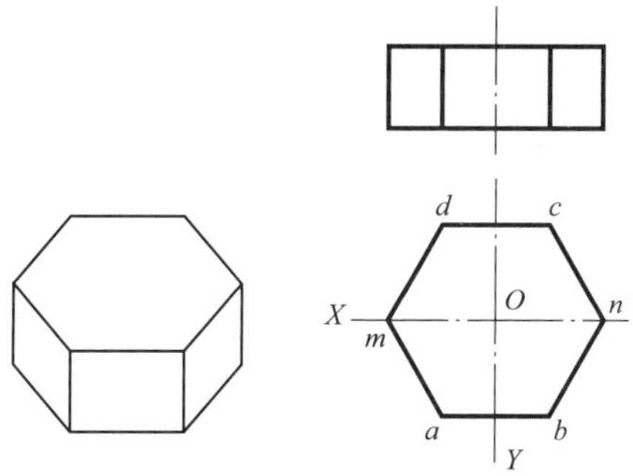

(a) 正六棱柱　　(b) 正六棱柱主、俯视图

图 2-37　正六棱柱及其主、俯视图

二、知识链接

1. 轴测图的基本概念

（1）轴测图的形成和分类

将物体连同其直角坐标系，沿不平行于任一坐标平面的方向，用平行投影法投射在单一投影面（称为轴测投影面）上所得到的图形称为轴测图。如图 2-38 所示。

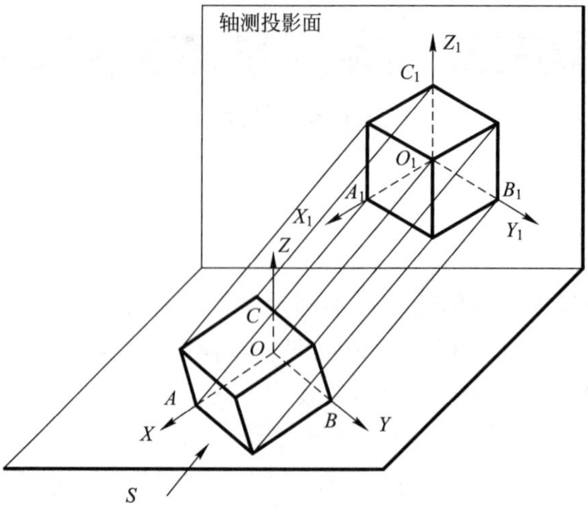

图 2-38　轴测图的形成

（2）轴测图的分类

轴测投影分为正轴测投影和斜轴测投影两种。

（3）轴测图的基本性质

① 物体上相互平行的线段的轴测投影仍相互平行。

② 物体上平行于坐标轴的直线段的轴测投影仍与相应的轴测轴平行。

③ 物体上两平行线段或同一直线上的两线段长度之比，其轴测投影保持不变。

凡是与坐标轴平行的直线，就可以在轴测图上沿轴向进行度量和作图。

2. 正等轴测图

当物体上的三个直角坐标轴与轴测投影面的倾角相等时，三个轴向伸缩系数均相等，这时用正投影法所得到的图形称为正等轴测图，简称正等测。

（1）轴间角

正等测中的三个轴间角都等于 120°，其中 Z_1 轴画成铅垂方向，如图 2-39 所示。

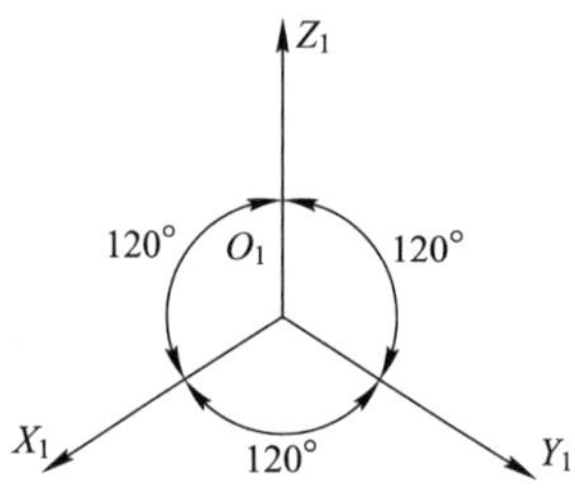

图 2-39　轴间角

（2）轴向伸缩系数

轴测轴上的单位长度与相应投影轴上单位长度的比值，称为轴向伸缩系数。X、Y、Z 轴的轴向伸缩系数，分别用 p_1、q_1、r_1 表示，即

$$p_1 = O_1A_1/OA \qquad q_1 = O_1B_1/OB \qquad r_1 = O_1C_1/OC$$

简化伸缩系数用 p、q、r 表示。为了便于作图，轴向伸缩系数之比值，即 p：q：r 应采

用简单的数值。

三、任务实施

常用的轴测图画法是坐标法。作图时，先定出直角坐标轴和坐标原点，画出轴测轴，再按立体表面上各顶点或线段端点的坐标，画出其轴测投影，然后连接有关点，完成轴测图。

在画正六棱柱的轴测图时，只要画出其一顶面（或底面）的轴测投影，再过顶面（或底面）上各顶点，沿其高度方向作平行线，按高度截取，得各点先后顺序连线（细虚线不画），即得六棱柱的轴测图。画图的关键是如何准确地绘制顶面的轴测投影。

在画正六棱柱顶面的轴测图时，由于其六边形顶面上的 *ab*、*bc*、*de*、*fa* 四条边与轴测轴不平行，因此，这些边不能直接测量画出。只能通过坐标定位，求出 *a*、*b*、*c*、*d*、*e*、*f* 各点在轴测图中的位置，并连线各点，即可求得六棱柱端面的轴测投影，进而完成此任务。

正棱柱正等轴测图的绘图步骤如下。

① 在三视图中选取坐标原点（*O*）确定空间坐标轴（*OX*、*OY*、*OZ*）的投影，六棱柱前后、左右对称，选顶面中心为坐标原点。如图 2-40（a）所示。

② 画出轴测图 *OX*、*OY*、*OZ*，沿 *X* 轴在原点 *O* 两侧分别取 $l/2$ 得到。选择合适的比例分别在 *OX*、*OY* 轴测图上截取，画出六棱柱的顶面。如图 2-40（b）所示。

③ 沿六棱柱顶面各顶点垂直向下量取 *h*，得到六棱柱底面的各端点。用直线连接各点并加深可见轮廓线（一般只画可见部分），即得到六棱柱的正等测图。如图 2-40（c）所示。

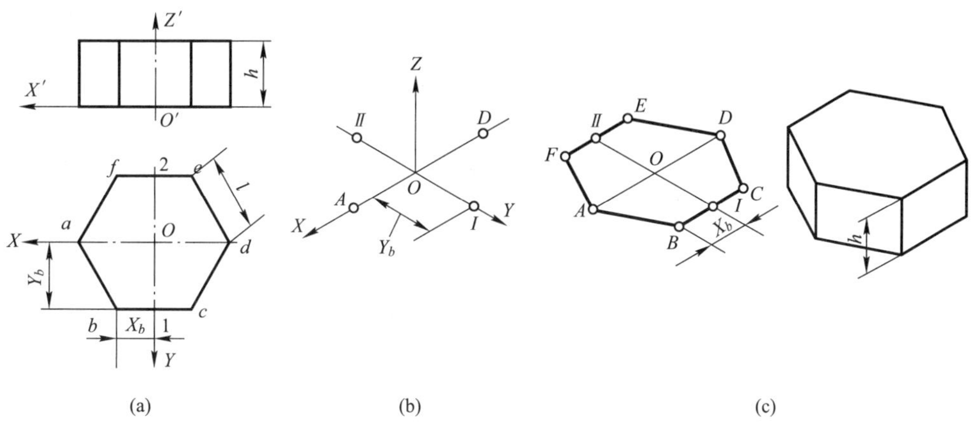

图 2-40　正六棱柱正等测的作图步骤

至此，任务完成。

【知识拓展】

如图 2-41 所示三棱锥，底面△*ABC* 中的 *AB* 边为侧垂线，为作图方便，设 *X* 轴与 *AB* 重合，坐标原点与 *B* 点重合。从底面开始作图。

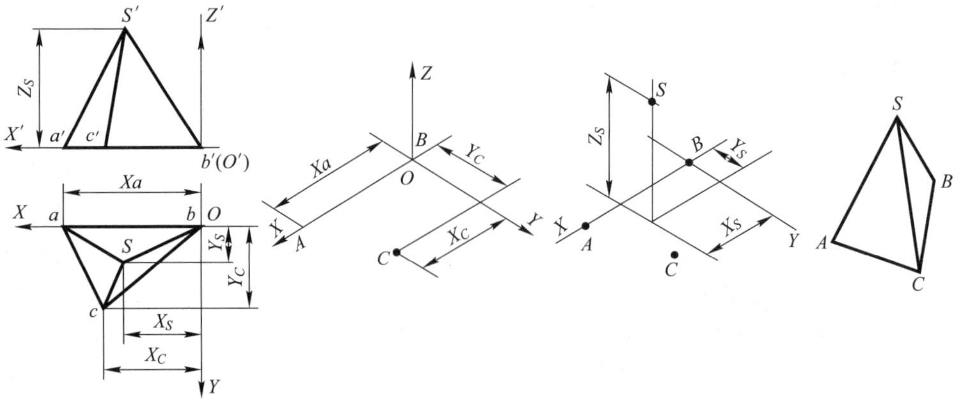

图 2-41　正六棱柱正等测的作图步骤

任务二　绘制曲面立体正等轴测图

一、任务导入

由一母线（直线或曲线）绕定轴回转而成的曲面，称为回转面。表面是回转面或回转面和平面所围成的立体，称为回转体。常见回转体有圆柱、圆锥、圆球和圆环等。工程上常用的曲面立体一般为回转体。

根据图 2-42 所示圆柱的三视图，绘制其正等轴测图。

二、知识链接

1. 圆的正等测投影

在平面立体的正等轴测图中，平行于坐标面的正方形变成了菱形，如果在正方形内有一个圆与其相切，显然圆随正方形四条边变成内切于菱形的椭圆，如图 2-43 所示。

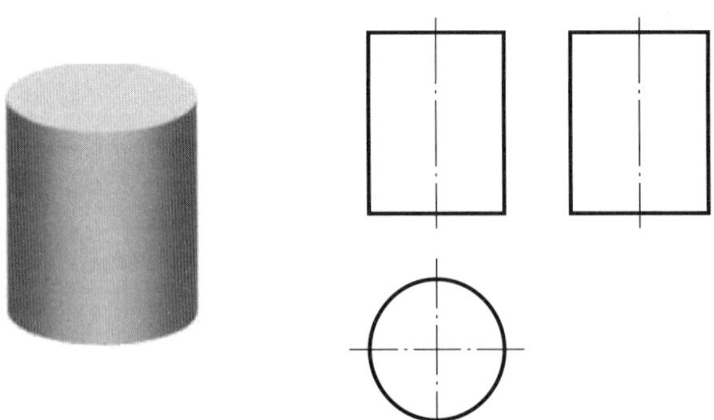

图 2-42　圆柱的三视图

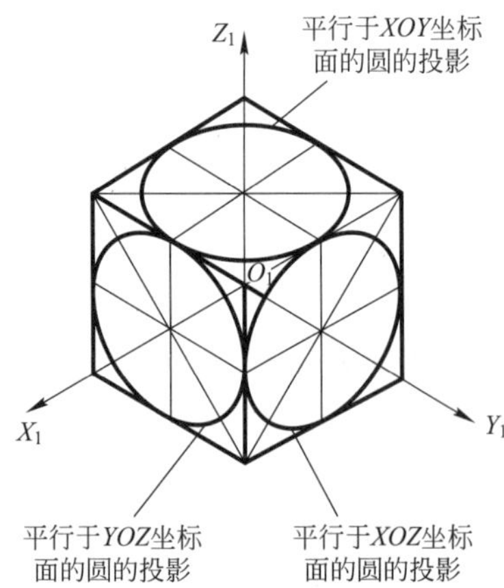

图 2-43　圆的正等测投影

2. 圆的正等测画法

由上述分析可知，平行于坐标面的圆的正等轴测图都是椭圆，虽然椭圆的方向不同，但画法相同。各椭圆的长轴都在外切菱形的长对角线上，短轴在短对角线上。

三、任务实施

① 在空间坐标系中，作圆柱的两个投影，如图 2-44（a）所示。

② 作圆柱顶面的轴测投影椭圆，如图 2-44（b）所示。

③ 画出轴测投影轴及下面菱形，如图 2-44（c）所示。

④ 作两椭圆的公切线，加深可见轮廓线，如图 2-44（d）所示。

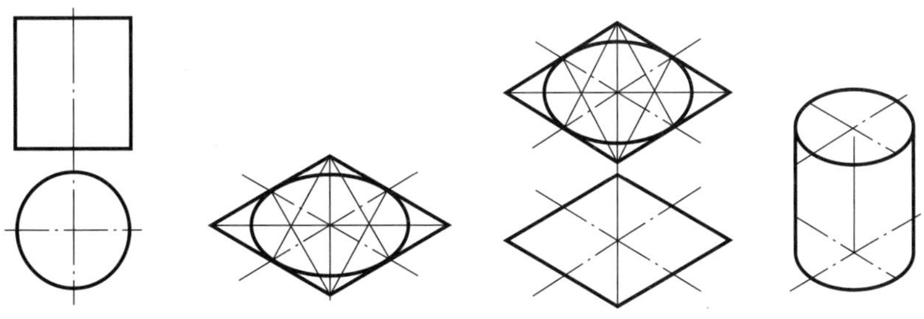

(a) (b) (c) (d)

图 2-44 圆柱的正等测画法

【知识拓展】

一、平板上圆角的正等轴测图的简化画法

① 作平板的两视图，如图 2-45（a）所示。

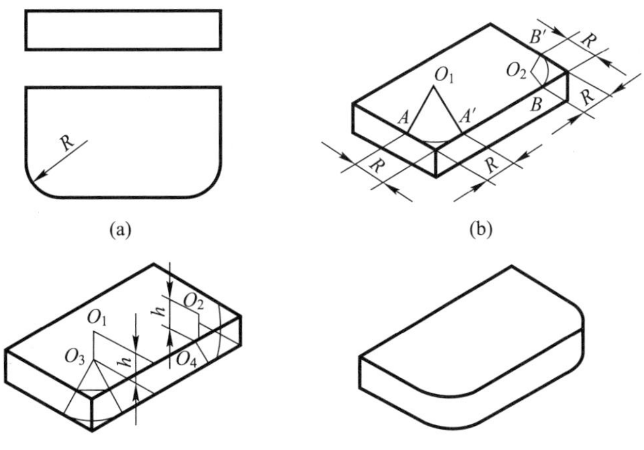

(a) (b)

(c) (d)

图 2-45 圆角的正等测的简化画法

② 根据长、宽、高画出长方形的正等轴测图。从正投影图中量得圆角的半径 R，并用 R 值，以长方体两顶点为基点，定出 4 个点（A、A'、B、B'），过这 4 个点作相应棱线的垂线，垂线交于 O_1、O_2 点，如图 2-45（b）所示。

③ 画圆角。以 O_1、O_2 为圆心，画圆弧，这样就画出了矩形板顶面圆角的轴测投影。用同样的方法画出矩形板底面圆角的轴测投影，如图 2-45（c）所示。

④ 作右端两段圆弧的公切线，擦去不必要的线条，加深轮廓线，完成图形，如图 2-45（d）所示。

二、常见回转体的正等轴测图的画法

常见回转体的正等轴测图的画法见表 2-3。

表 2-3　常见回转体的正等轴测图的画法

名称	步骤与方法	图例
圆锥台	1. 作圆锥台的两视图	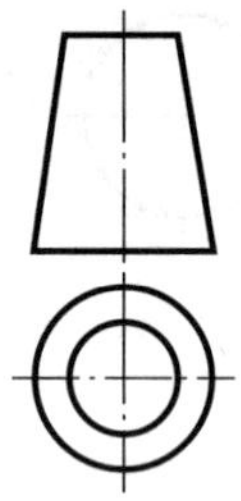
	2. 画出上、下端面的轴测图	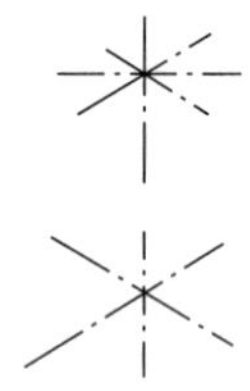
	3. 画出上、下端面圆的轴测图	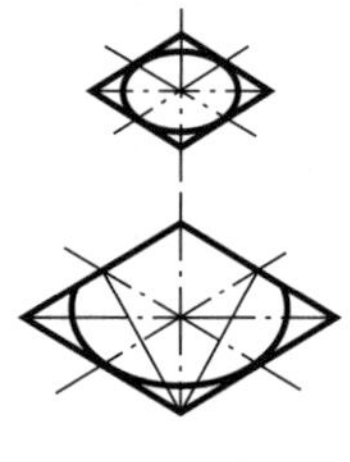
	4. 作两椭圆的公切线（圆锥两侧轮廓线）	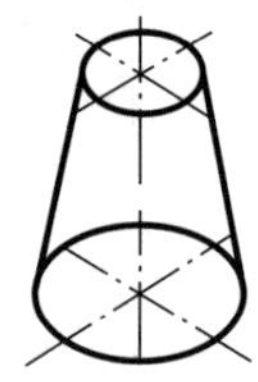

续表

名称	步骤与方法	图例
圆球	1. 作圆球的主视图	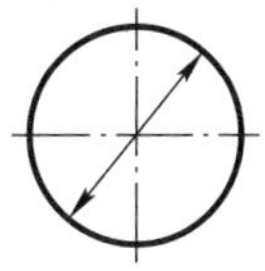
	2. 作轴测轴	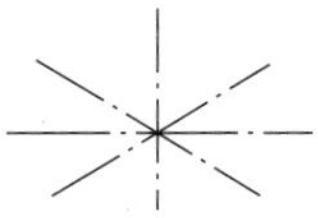
	3. 画出球的轴测图	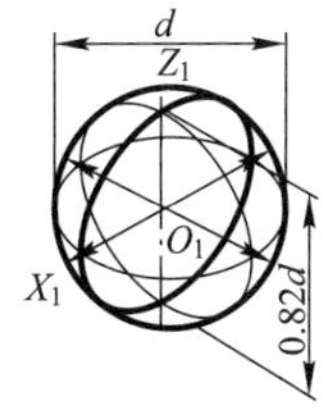
	4. 再作切制，完成作图	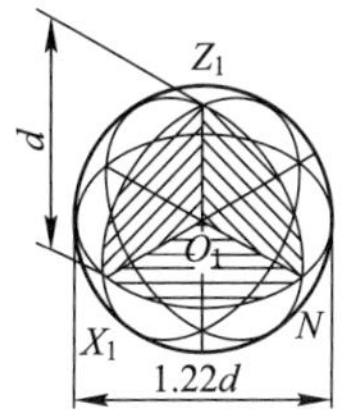

模块四　绘制斜二轴测图

当物体上的两个坐标轴 OX 和 OZ 与轴测投影面平行，而投射方向与轴测投影面倾斜时，所得的轴测图称为斜二轴测图。

任务一　绘制平面立体斜二轴测图

一、任务引入

根据图 2-46 所示的正面形状复杂形体的三视图，绘制斜二轴测图。

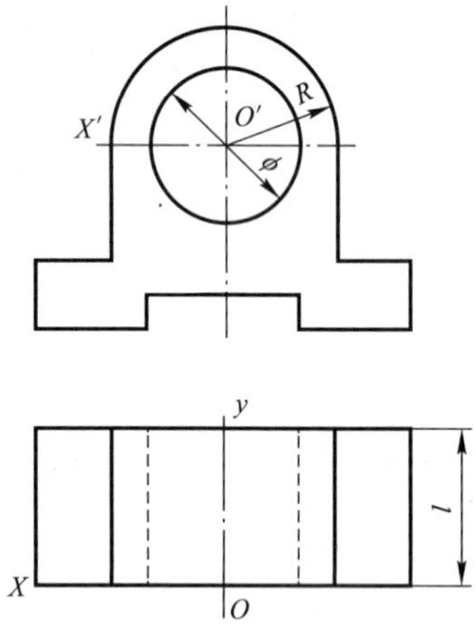

图 2-46　正面形状复杂形体的三视图

二、知识链接

1. 斜二轴测图的形成过程

如图 2-47 所示，在物体的 XOZ 坐标面对轴测投影面处于平行的位置，采用平行斜投影法也能得到具有立体感的轴测图，这样所得到的轴测投影就是斜二等测轴测图，简称斜二轴测图。

2. 斜二轴测图的参数设置

图 2-48 所示为斜二轴测图的轴测轴、轴间角和轴向伸缩系数等参数及画法。从图中可以看出，在斜二测图中，$O_1X_1 \perp O_1Z_1$ 轴，O_1Y_1 与 O_1X_1、O_1Z_1 的夹角均为 135°，3 个轴向伸缩系数分别为 $p_1=r_1=1$，$q_1=0.5$。

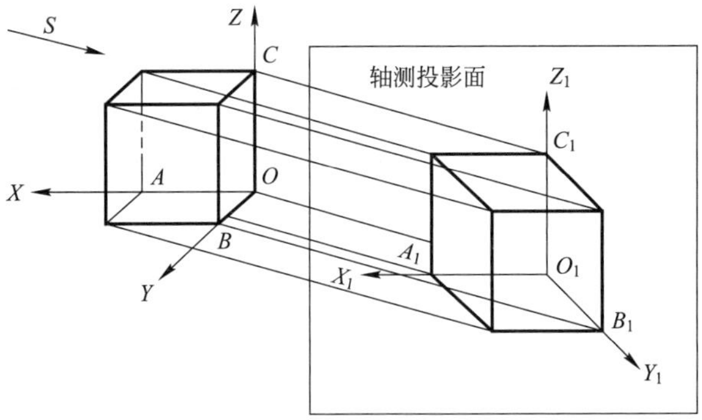

图 2-47　斜二轴测图的形成

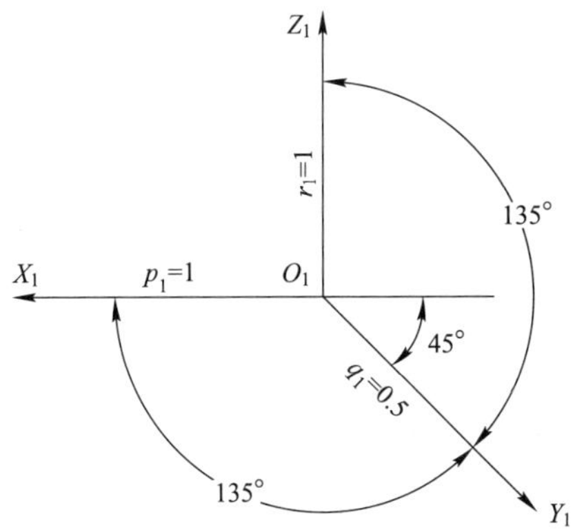

图 2-48　斜二轴测图的轴测轴、轴间角和轴向伸缩系数参数及画法

三、任务实施

绘制图所示形体的斜二轴测图的步骤如下。

① 在视图上确定原点和坐标轴，画出 XOY 坐标面的轴测图（与主视图相同），如图 2-49（a）所示。

② 沿 Y_1轴向后量取 $l/2$ 画出后面，连接前后两个面，如图 2-49（b）、（c）所示。

③ 去掉多余图线后描深，完成支架的斜二测，如图 2-49（d）所示。

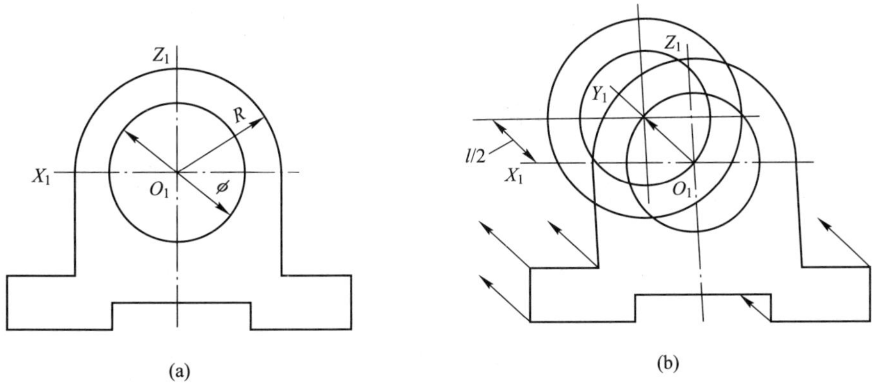

图 2-49　支架的斜二测画法

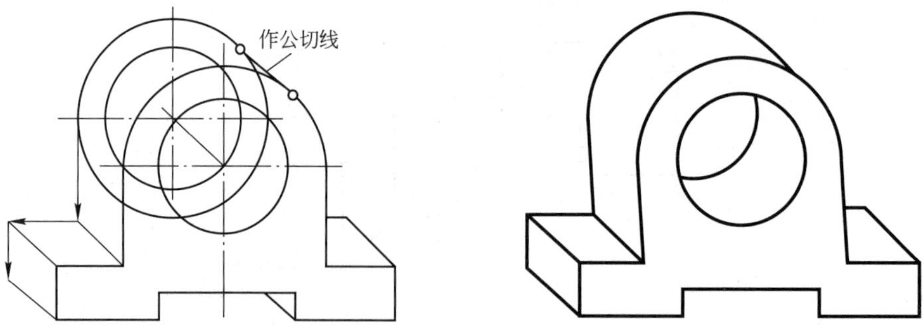

(c)　　(d)

图 2-49　支架的斜二测画法（续）

至此，任务完成。

【知识拓展】

一、轴测投影的特性

① 空间互相平行的线段，在同一轴测投影中一定互相平行。与直角坐标轴平行的直线段，其轴测投影必与相应的轴测轴平行。

② 与轴测轴平行的线段，按该轴的轴向伸缩系数进行度量。与轴测轴倾斜的线段，不能按该轴的轴向伸缩系数进行度量。

二、正等轴测图和斜二轴测图对比

正等轴测图轴间角$\angle XOY=\angle XOZ=\angle YOZ=120°$，轴向简化伸缩系数：$p=q=r=1$。在绘制正等轴测图时，沿轴向的尺寸都可在投影图上的相应轴按 1∶1 的比例量取。斜二轴测图轴间角$\angle XOZ=90°$，$\angle XOY=\angle YOZ=135°$，轴向伸缩系数：$p=r=1$，$q=1/2$。绘图时 X、Z 轴方向的尺寸选原长，Y 轴方向的尺寸选 $l/2$。

三、适用情况

当物体上一个方向上的圆或孔较多时，采用斜二轴测图比较简便。

项 目 小 结

1. 熟练掌握点的投影规律及点的投影与该点直角坐标的关系，掌握两点的相对位置及重影点可见性的判别。

2. 熟练掌握各种位置直线的投影特性和作图方法；掌握直线上的点的投影特性及定比关系。

3. 掌握两直线平行、相交、交叉三种相对位置的投影特性，掌握垂直性投影定理及其应用。

4. 不同种类的轴测图需要选相应的轴测轴、轴间角和轴向伸缩系数，重点掌握平面立体正等轴测图画法。

5. 在画轴测图时，要注意运用平行投影的平行性和“沿轴向测量”的特性，它对画图的质量和速度都比较重要。

6. 要注意坐标原点位置的选择，便于度量和绘图，轴测图中一般不画虚线，为了提高画图速度，建议采用从上到下、从前到后的步骤画图。

7. 画圆的正等测图时，应注意判别圆所在的坐标面。

8. 画斜二等轴测图时，应注意 Y 向的轴向伸缩系数取 1/2，当一个方向形状复杂，用斜二等轴测图画最简单。

项目三　组合体认知与绘制

项目描述

本项目是课程重点之一，主要介绍如何运用形体分析法，绘制组合体视图、标注尺寸以及如何看懂组合体视图。

教学目标

【能力目标】

1. 能运用形体分析法分析组合体。
2. 能正确绘制组合体视图。
3. 学会正确对组合体进行尺寸标注。

【知识目标】

1. 掌握组合体的组合形式。
2. 掌握用形体分析法分析组合体。
3. 绘制组合体的画法。
4. 掌握尺寸基准和尺寸种类。
5. 掌握组合体尺寸标注的方法。

【素质目标】

1. 能够形成自主探究学习的意识。
2. 树立规范制图的责任意识，养成严谨认真的工作作风。

模块一　组合体认知

任何复杂的物体，从形体角度看，都可以认为是由若干基本物体（如柱、锥、球体等），按一定的连接方式组合而成的。由两个或多个以上基本形体组成的物体，称为组合体。

任务一　组合体的形体分析

一、任务导入

以绘制支架组合体的三视图为例。

如图 3-1 所示，尝试对支架进行形体分析，确定为何种组合形式。

二、知识链接

1. 形体分析法

画组合体的三视图时，可采用“先分后合”的方法，即先在想象中将组合体分解为若干个基本形体，然后按其相对位置逐个画出各基本形体的投影，组合起来，即得到整个组合体的视图。这样，就把一个复杂的问题，分解成几个简单的问题加以解决。我们把这种将物体分解成若干个基本形体，并搞清它们之间相对位置和组合形式的方法，称为形体分析法。

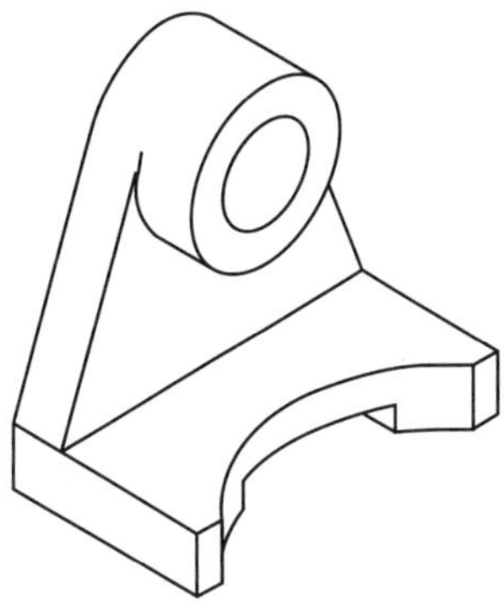

图 3-1　支架立体图

2. 组合体的组合形式

组合体的组合形式，可粗略地分为叠加型、切割型和综合型三种。

（1）叠加型

叠加型是两个形体组合的基本形式，按照形体表面接合的方式不同，又可细分为堆积、相切和相贯三种形式。

① 堆积。两形体以平面相接合，称为堆积。它们的分界线为直线或平面曲线。画这种组合形式的视图，实际上是将两个基本形体的投影，按其相对位置堆积。

当两形体的表面平齐时，中间不应该画线，如图 3-2（a）所示。

当两形体的表面不平齐时，中间应该画线，如图 3-2（b）所示。

② 相切。图 3-3（a）所示物体由耳板和圆筒组成。耳板前后两平面与左右两大小圆柱面光滑连接，这就是相切。

如图 3-3（b）所示，柱轴是铅垂线，柱面的水平面投影有积聚性。因此，耳板前后平面和柱面相切于一直线的情况，在水平面投影中就表现为直线和圆弧的相切；在正面和侧面投影中，该直线的投影不应画出。即二面相切处不画线，耳板上表面的投影只画至切点 a'、

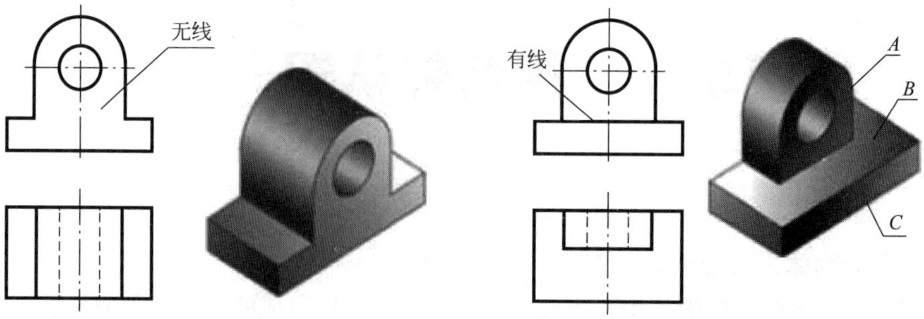

(a) 两表面平齐　　(b) 两表面不平齐

图 3-2　表面连接关系

a''处。图 3-3（c）所示的画法是错误的。

(a) 物体

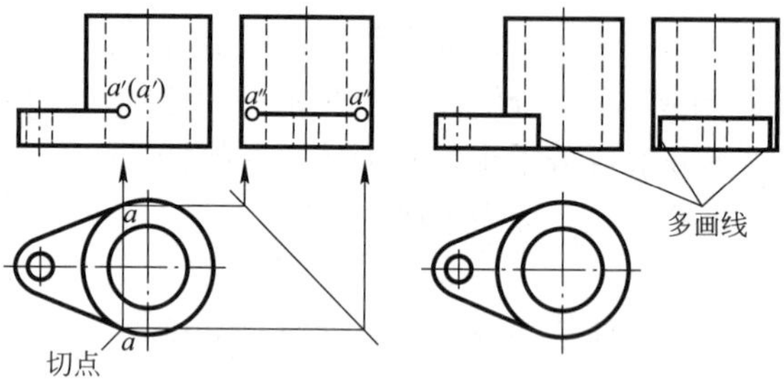

(b) 正确画法　　(c) 错误画法

图 3-3　两体表面相切的画法

③ 相贯。两回转体的表面相交称为相贯，相交处的交线称为相贯线，如图 3-4（c）所示。

由图 3-4（a）可知，小圆柱的轴线垂直于水平面，相贯线的水平投影为圆（与小圆柱面的积聚性投影重合）；大圆柱面的轴线垂直于侧面，相贯线的侧面投影为一段圆弧（与大圆柱面的部分积聚性投影重合），只需补画相贯线的正面投影。当不需要准确求作两圆柱正交相贯线的投影时，可采用简化画法，即用圆弧代替相贯线。具体画法如图 3-4（b）所示。

（2）切割型

对于不完整的形体，采用切割的概念对其进行分析为宜。如图 3-5（a）所示的物体，可看成是长方体经切割而形成的。画图时，可先画出完整长方体的三视图，然后逐个画出被切部分的投影，如图 3-5（b）所示。

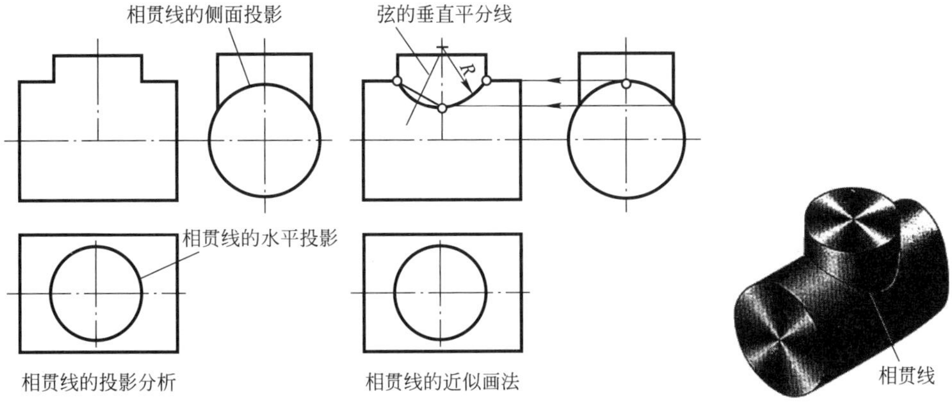

(a) 相贯线的投影分析　　(b) 相贯线的近似画法　　(c) 物体

图 3-4　两圆柱正交的相贯线画法

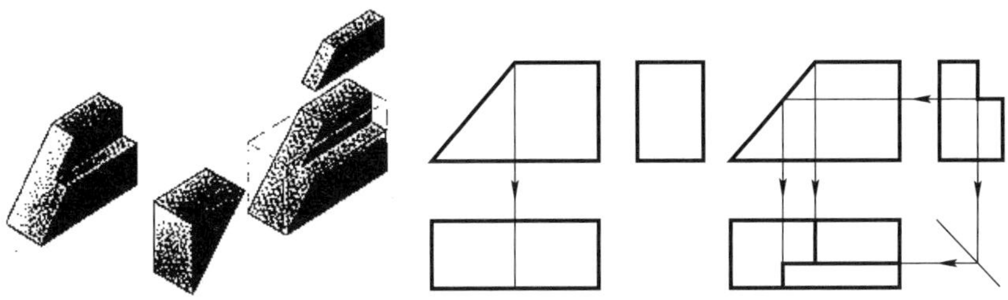

切割型组合体的形成　　画出被切部切的投影

(a)　　(b)

图 3-5　切割型组合体的画法

（3）综合型

大部分组合体都是既有叠加又有切割，属于综合型。画图时，一般可先画叠加各形体的投影，再画被切割各形体的投影。图 3-6 所示组合体的三视图，就是按底板、四棱柱叠加后，再切半圆柱、两个 U 形柱和一个小圆柱的顺序画出的。

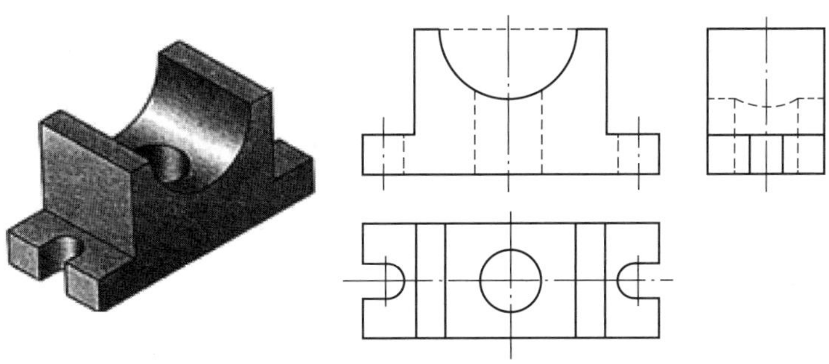

图 3-6　综合型组合体

三、任务实施

很明显，支架属于叠加式组合体，如图 3-7 所示。

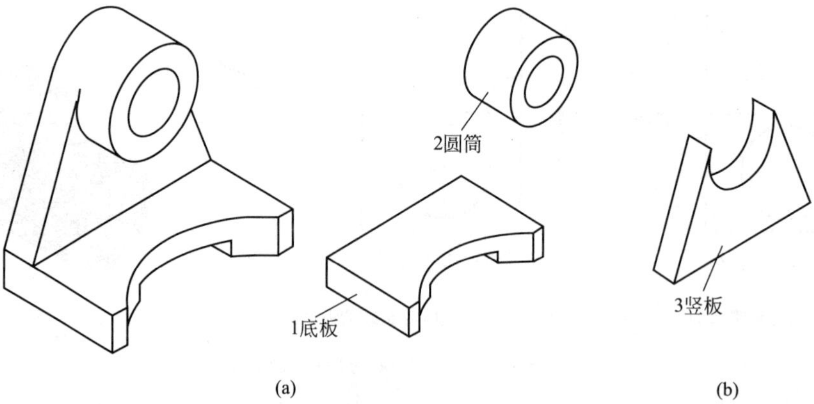

图 3-7 支架立体图

【知识拓展】

在日常工作和生活中，经常看到在零件上有一些交线，有的是平面与立体表面相交而产生的交线（截交线），有的是两立体表面相交而成的交线（相贯线）。为了能够正确分析和表达机械零件的结构形状，需要了解交线的性质以及画法。

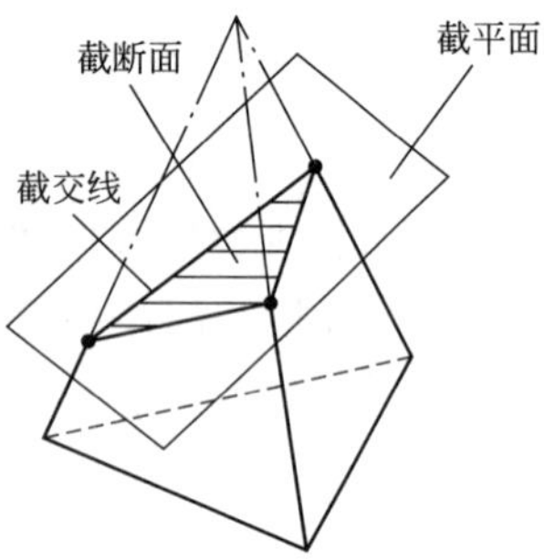

图 3-8 截交线

一、截交线

平面与立体表面的交线称为截交线，如图 3-8 所示。

1. 截交线的性质

① 截交线是由直线组成的平面图形（封闭多边形）。

② 多边形的各边是立体表面与截平面的交线。

③ 多边形的各顶点是立体各棱线与截平面的交点。

2. 求截交线的方法

方法一：求截平面与平面立体各棱线的交点。

方法二：求截平面与平面立体各表面的交线。

【案例 1】 六棱柱被正垂面截切——交线为平面多边形，如图 3-9 所示。

作图方法：

① 求棱线与截平面的共有点；

② 连线；

③ 根据可见性处理轮廓线。

3. 回转体的截切

回转体截交线通常是封闭的平面曲线，或是由曲线和直线所围成的平面图形或多边形。

回转体截交线性质：截交线是截平面与回转体表面的共有线。截交线的形状取决于回转

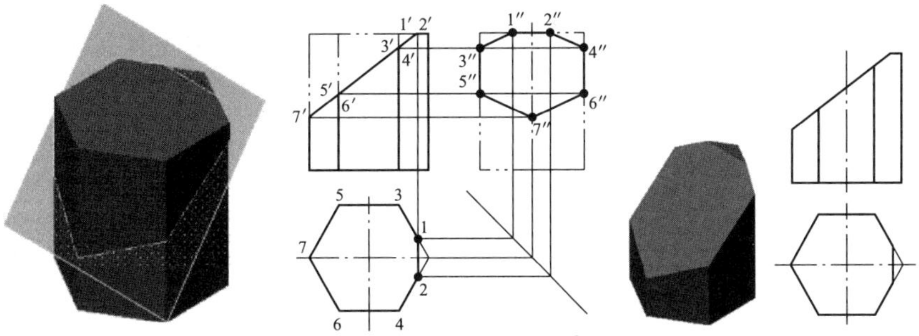

图 3-9　六棱柱被正垂面截切

体表面的形状及截平面与回转体轴线的相对位置。

4. 求截交线的方法和步骤

① 分析回转体的表面性质，截平面与回转体的相对位置。

② 求截交线上的特殊点。

③ 求截交线上的一般点。

④ 补全轮廓线，判断可见性，光滑连接各点。

5. 圆柱体的截交线

平面与圆柱体相交时，根据截平面与圆柱体轴线的相对位置不同，可产生三种不同的截交线，如图 3-10 所示。

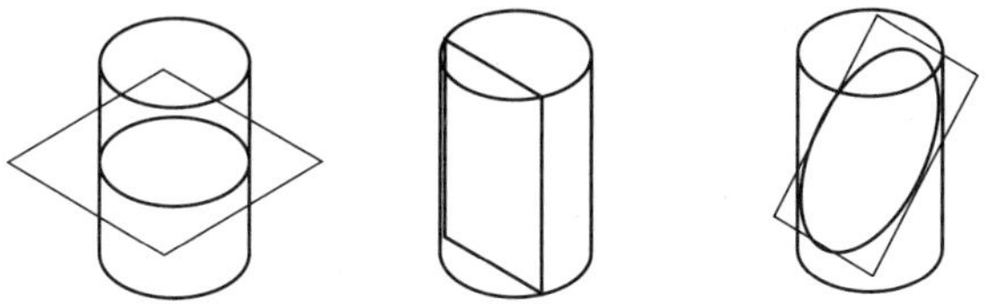

(a) 截平面垂直于轴线 截交线为圆　(b) 截平面平行于轴线 截交线为矩形　(c) 截平面倾斜于轴线 截交线为椭圆

图 3-10　圆柱体的截图

【案例 2】　根据主、俯视图，补画左视图，如图 3-11 所示。

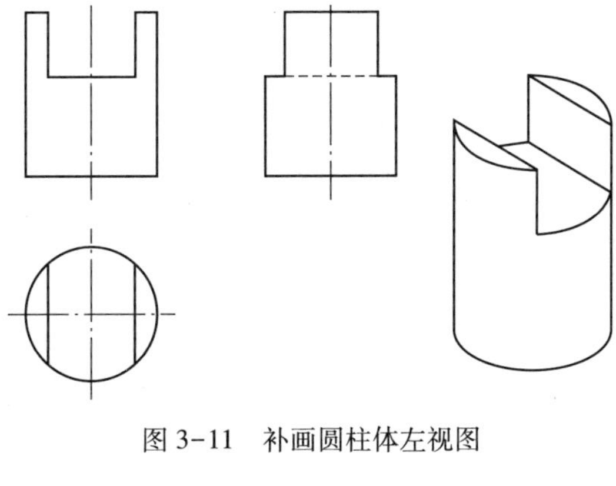

图 3-11　补画圆柱体左视图

6. 圆锥体的截交线

平面与圆锥表面相交，根据截平面与圆锥轴线的相对位置不同，截线有五种不同形状，如图 3-12~图 3-16 所示。

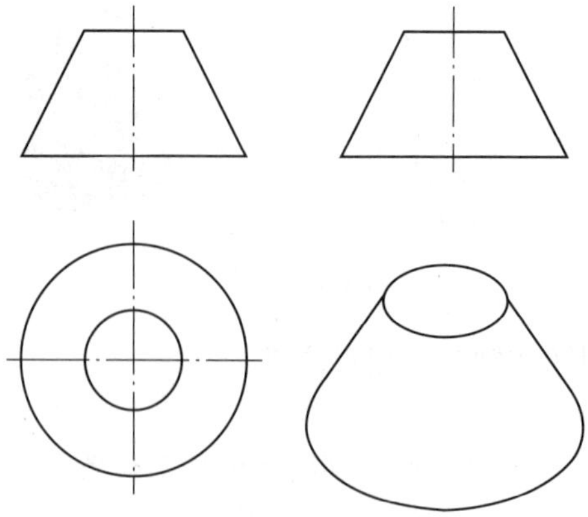

图 3-12　截平面垂直于圆锥轴线——圆

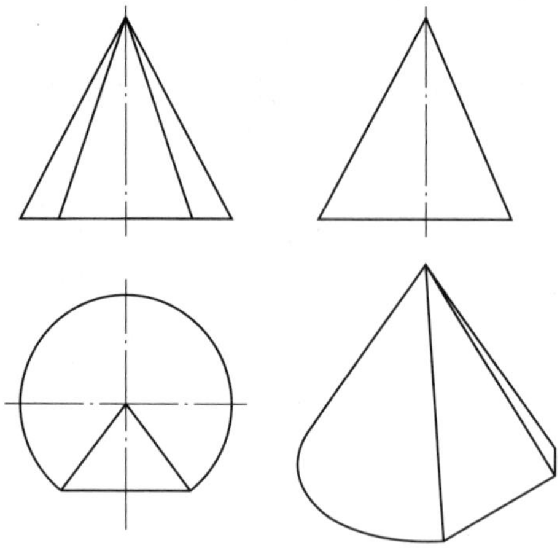

图 3-13　截平面过锥顶截交线为三角形

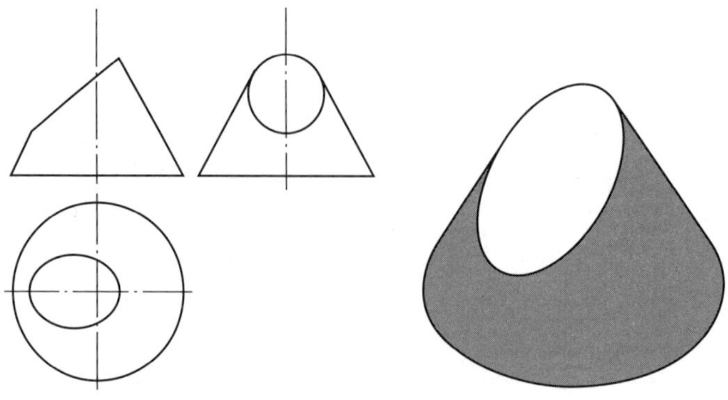

图 3-14　截平面倾斜于轴线

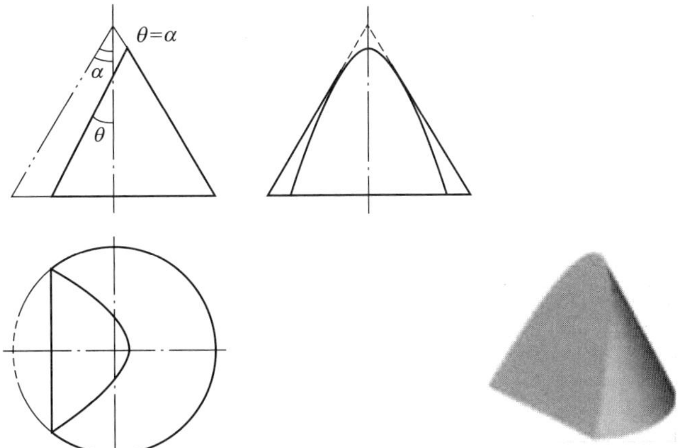

图 3-15　截平面平行于一条素线（截交线为抛物线）

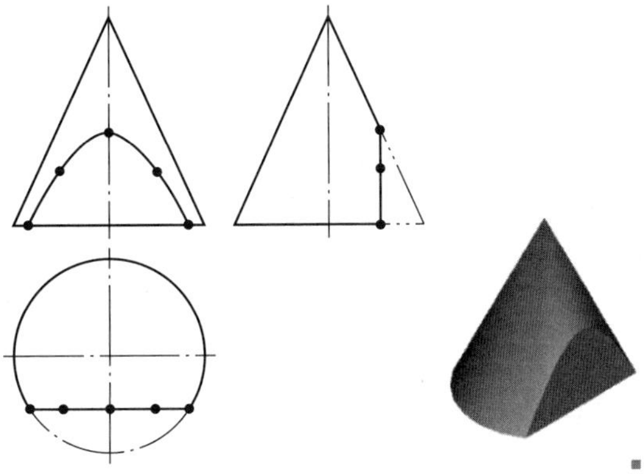

图 3-16　截平面平行于轴线（截交线为双曲线）

7. 圆球的截交线

平面与球相交，截交线为圆。当截平面与投影面平行时，截交线在所平行的投影面上的投影为一圆，其余两面投影积聚为直线，该直线长度等于圆的直径。

【案例 3】　画出球体开槽的三视图。

分析：如图 3-17 所示，由于半圆球被两个对称的侧平面和一个水平面截切，所以两个侧平面与球面的截交线，各为一段平行于侧面的圆弧，而水平面与球面的截交线为两段水平圆弧。

小贴士：因圆球的最高处在开槽部分被切去，故左视图中上方的外形轮廓线向内“收缩”，其收缩程度与槽宽有关，槽越宽，收缩越大。另外，注意区分槽底侧面投影的可见性，槽底的中间部分是不可见的。

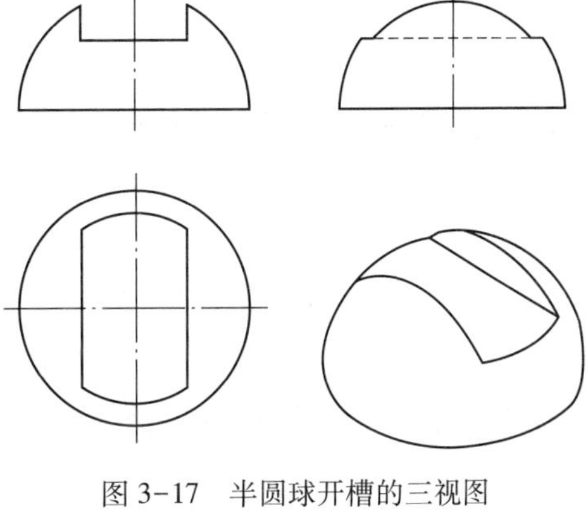

图 3-17　半圆球开槽的三视图

二、相贯线

两回转体相交产生的交线称为相贯线。由于两相交回转体的形状、大小和相对位置不同，相贯线的形状也不同。

1. 相贯线性质

① 封闭性：一般情况下，相贯线是封闭的空间曲线，在特殊情况下，可以是平面曲线或直线。

② 共有性：相贯线是两回转体表面的共有线，也是相贯体两表面的分界线，相贯线上所有点都是两回转体的共有点。

2. 求相贯线的方法

① 利用积聚性求相贯线。

② 用辅助平面法求相贯线。

3. 求相贯线的步骤

① 分析回转体的表面性质、两回转体的相对位置。

② 求相贯线上的特殊点。

③ 求相贯线上的一般点。

④ 补全轮廓线，判断可见性，光滑连接各点。

【案例 4】 补画出两圆柱体异径正交的相贯线。

两圆柱体异径正交的相贯线，如图 3-18 所示。

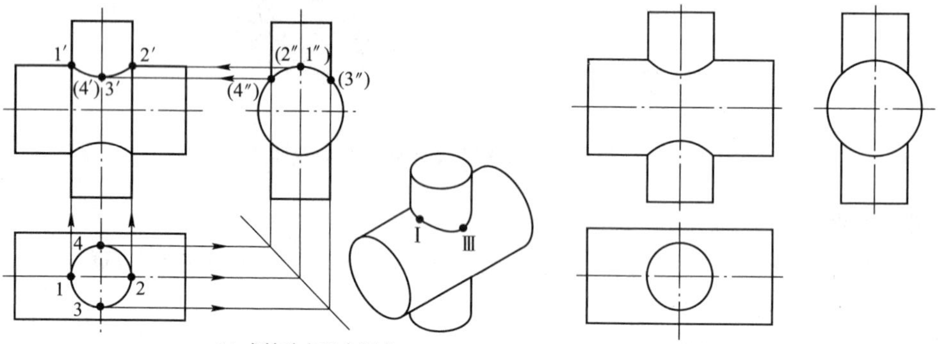

(a) 求特殊点和中间点　　(b) 连点完成相贯线

图 3-18　两圆柱体异径正交的相贯线画法

三、辅助平面法求相贯线的投影

根据三面共点的原理，利用辅助平面求出两回转体表面上的若干共有点，从而画出相贯线的投影。

作图方法：假想用辅助平面截切两回转体，分别得出两回转体表面的截交线。由于截交线的交点既在辅助平面内，又在两回转体表面上，因而是相贯线上的点。

辅助平面的选择原则：使辅助平面与两回转体表面的截交线的投影简单易画，如直线或圆，如图 3-19 所示。

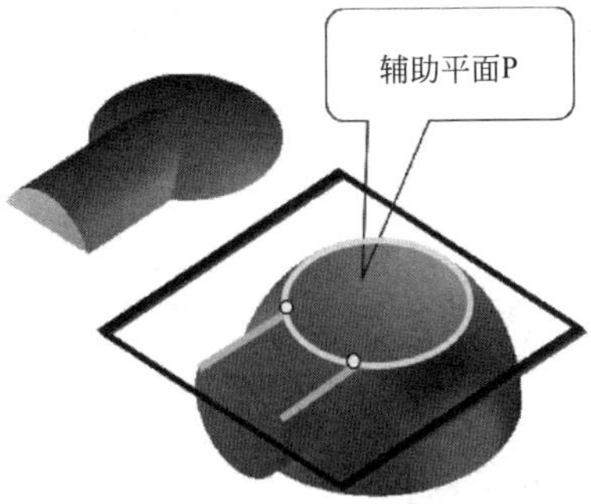

图 3-19 辅助平面与两回转体表面的相贯线画法

四、相贯线的特殊情况

两曲面立体相交，一般情况下相贯线为空间曲线，但特殊情况下可能是平面曲线或直线，如图 3-20 所示。

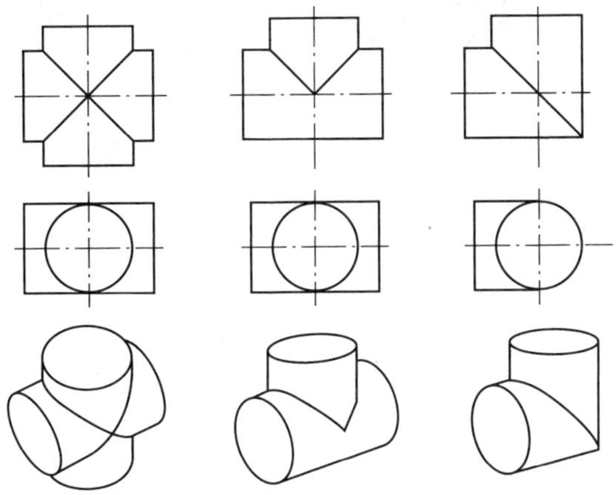

图 3-20 等径正交两圆柱的相贯线

两个回转体具有公共轴线时，其表面的相贯线为垂直轴线的圆，如图 3-21 所示。

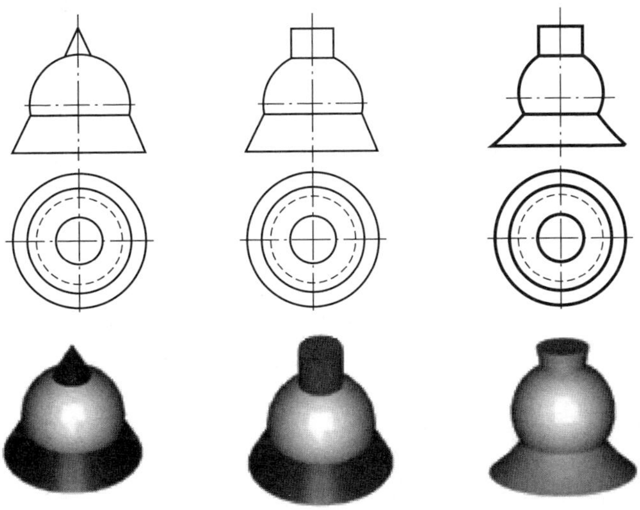

图 3-21 回转体与圆球同轴相交的相贯线

外切于同一球面的圆锥体、圆柱体相交时，其相贯线为两条平面曲线——椭圆，如图 3-22所示。

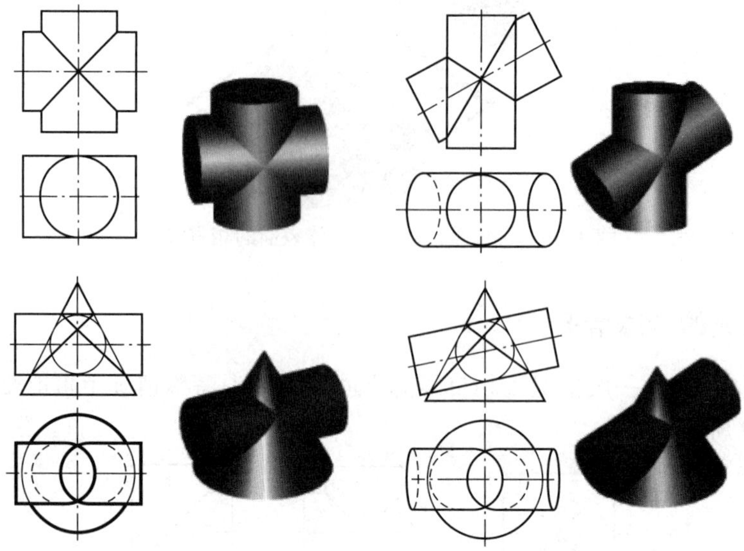

图 3-22 外切于同一球面的圆锥体与圆柱体相交的相贯线

模块二　组合体的绘制

任务一　组合体的视图绘制

一、任务引入

绘制支架的三视图。如图 3-23 所示。

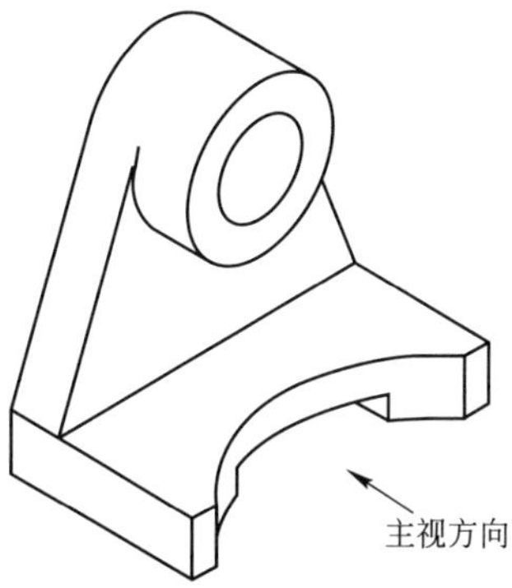

图 3-23　支架主视方向

二、知识链接

1. 组合体视图的画法

绘制组合体视图首先要对组合体进行分析，主要应用两种方法：形体分析法和线面分析法。

形体分析法是将复杂组合体分解成若干个基本形体，分析各基本形体的形状和表面间的连接关系，并运用投影规律画图的方法。

线面分析法是在形体分析的基础上，运用线、面的投影特性来分析视图中图线和线框的投影，进行画图的方法。

画组合体的基本方法是以形体分析法为主，复杂部分用线、面分析。

之前，我们用形体分析法已经判断出支架是叠加式组合体。

2. 视图选择

主视图是表达组合体的一组视图中最重要的视图。通常要求主视图能较多地反映物体的形体特征。如图 3-23 所示支架，从箭头方向投射所得的视图，完整表达了各组成部分的形状特点和相互关系，可作为主视图的投射方向。

三、任务实施

1. 选比例，定图幅

视图确定以后，根据组合体的大小和复杂程度，选定作图比例和图幅。一般选的图纸幅面要比绘制视图所需的面积大一些，以便标注尺寸和画标题栏。

2. 布置视图

布图时，应将视图匀称地布置在幅面上，视图间的空白区域应保证能注全所需的尺寸。

3. 绘制底稿

① 布置视图并画出基准线，如图 3-24 所示。

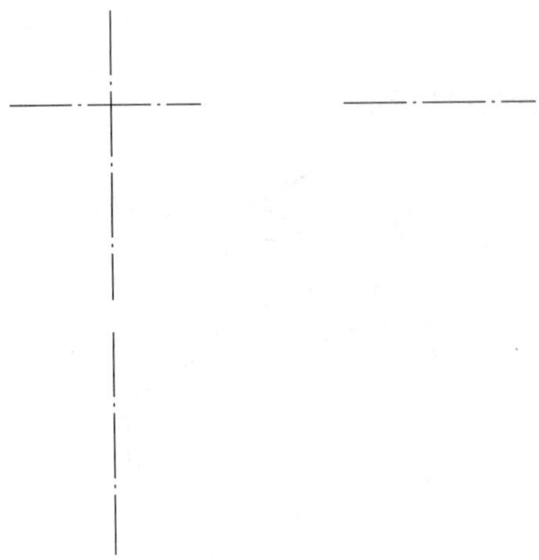

图 3-24 画基准线

② 画底板的三视图，如图 3-25 所示。

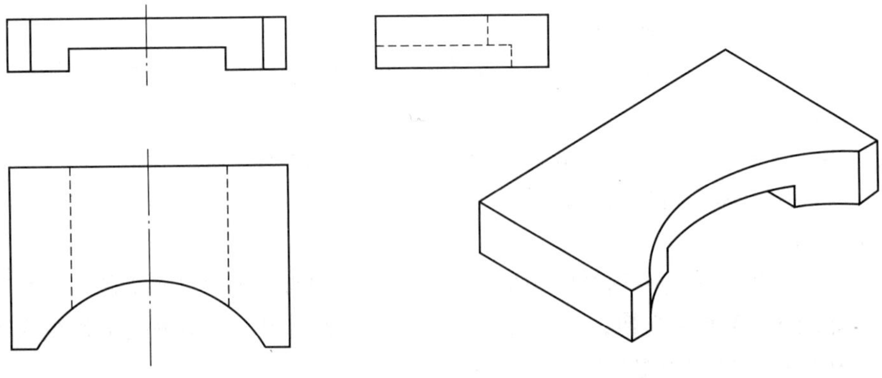

图 3-25 画底板三视图

③ 画圆筒三视图，如图 3-26 所示。

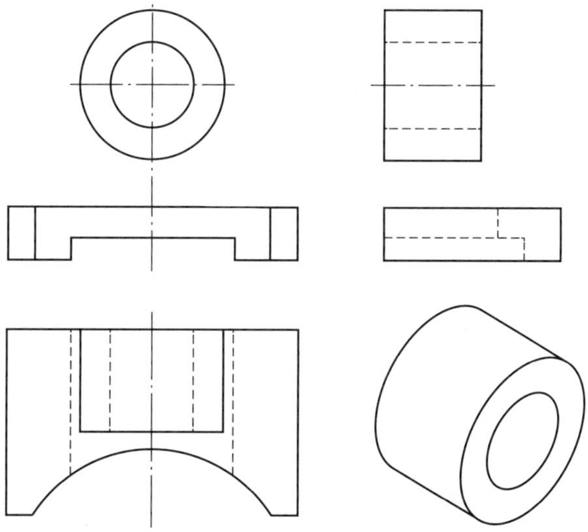

图 3-26　画圆筒三视图

④ 画竖板三视图，如图 3-27 所示。

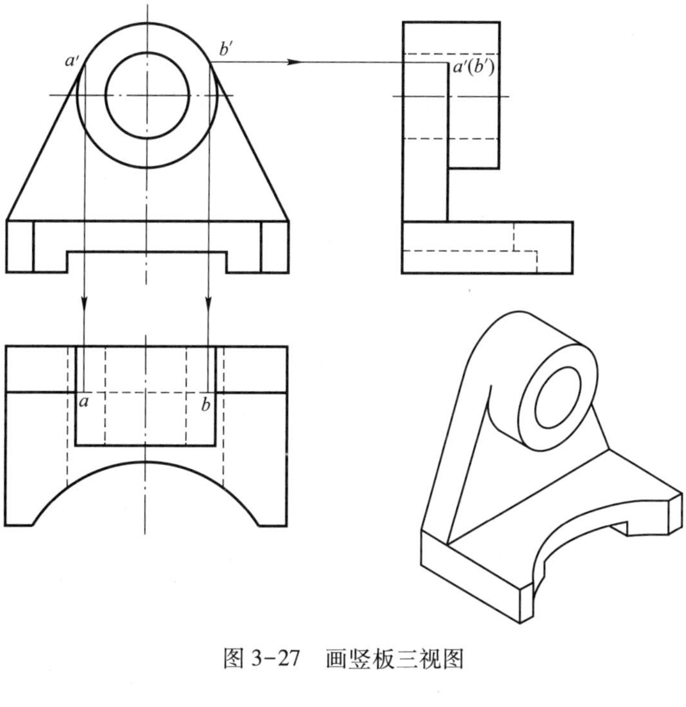

图 3-27　画竖板三视图

⑤ 将可见外轮廓线描深，完成全图，如图 3-28 所示。

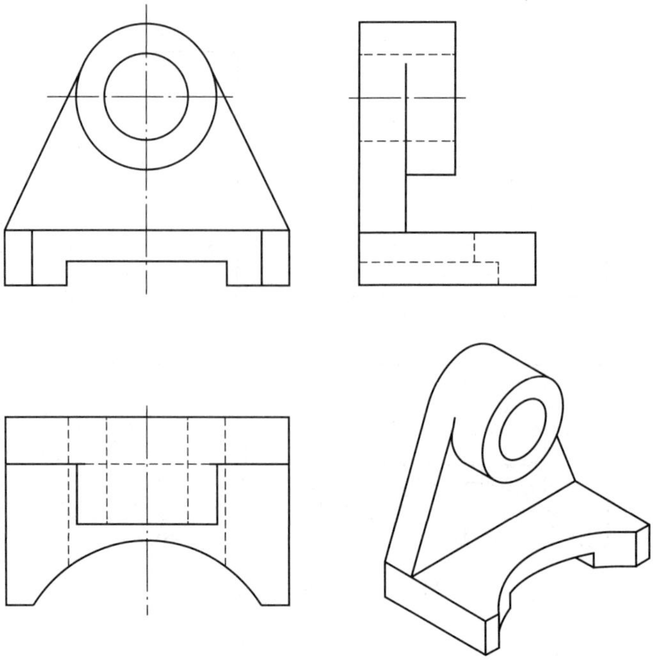

图 3-28　支架的三视图

任务二　组合体尺寸标注方法

视图只能表达组合体的结构和形状，而要表示它的大小，则不但需要注出尺寸，还必须标注得完整、清晰，符合国家标准尺寸标注的规定。

一、任务导入

在如图 3-29 所示轴承座的三视图上标注尺寸。

二、知识链接

1. 组合体的尺寸标注基本要求

（1）正确

所注的尺寸数值要正确无误，注法要严格遵守国家标准《机械制图　尺寸注法》（GB/T 4458.4—2003）的基本规则和方法。

（2）完整

所注的尺寸必须能完全确定组合体的形状、大小及其相对位置，不遗漏、不重复。

（3）清晰

尺寸的布局要清晰、整齐，便于看图。

2. 常见基本形体的尺寸标注

任何立体都有长、宽、高三个方向的尺寸。三个方向的尺寸应标注齐全，无遗漏；但每一尺寸在图上只应标注一次。尺寸界线、尺寸线、箭头、数字应符合规定。

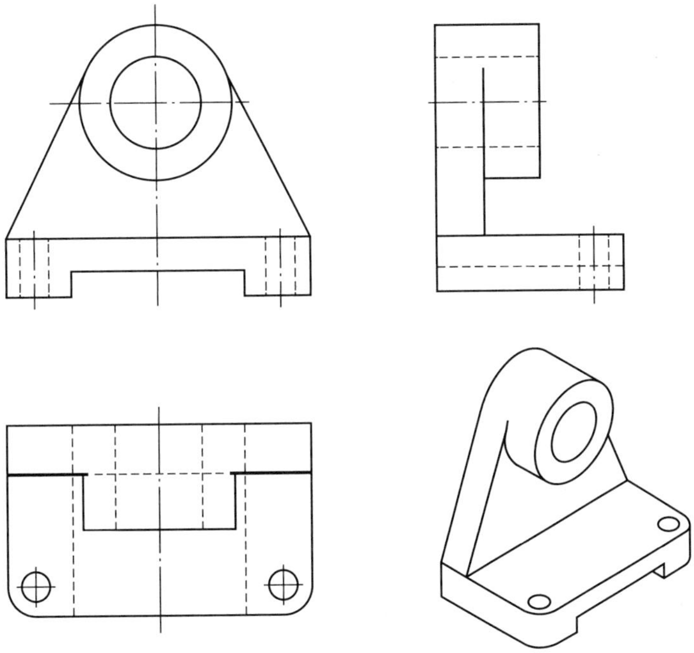

图 3-29　轴承座的三视图

(1) 基本几何体的尺寸标注

① 平面立体的尺寸标注。

平面立体应标注其长、宽、高三个方向的尺寸，如图 3-30 所示。

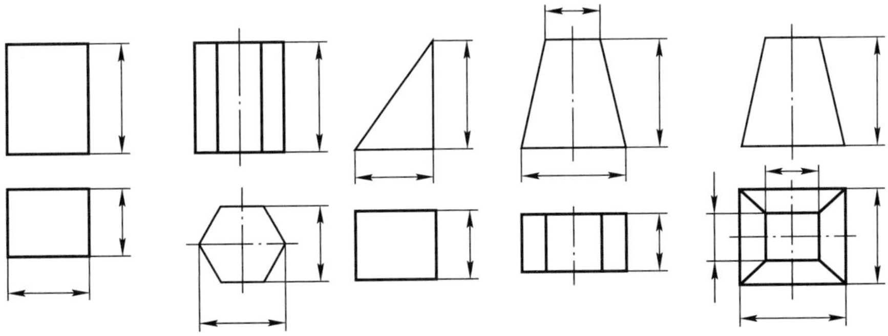

图 3-30　平面立体的标注

② 曲面立体的尺寸标注。

曲面立体的尺寸标注，如图 3-31 所示。

(2) 截切、相贯立体的尺寸标注

截切体应标注基本体尺寸、切口（截切）位置尺寸，而不需标注截交线形状大小的尺寸，如图 3-32 所示。

标注相贯线部分的尺寸时，只需标注参与相贯的各基本形体的尺寸及其相对位置尺寸，如图 3-33 所示。

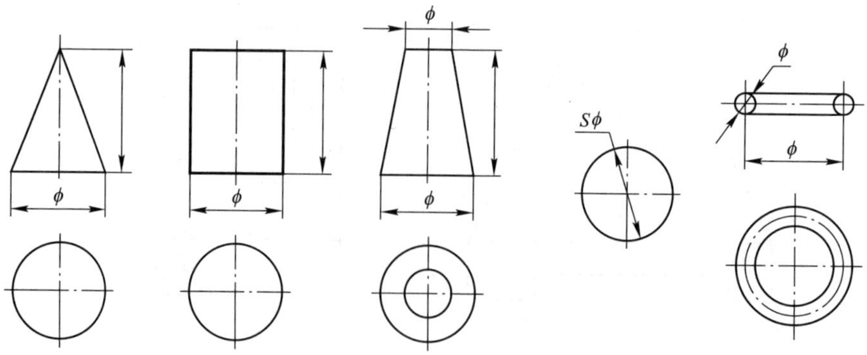

图 3-31　曲面立体的尺寸标注

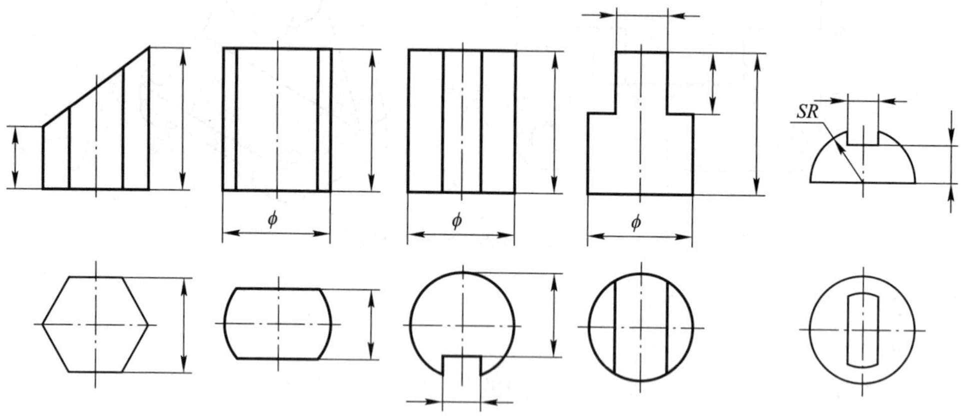

图 3-32　截切立体的尺寸标注

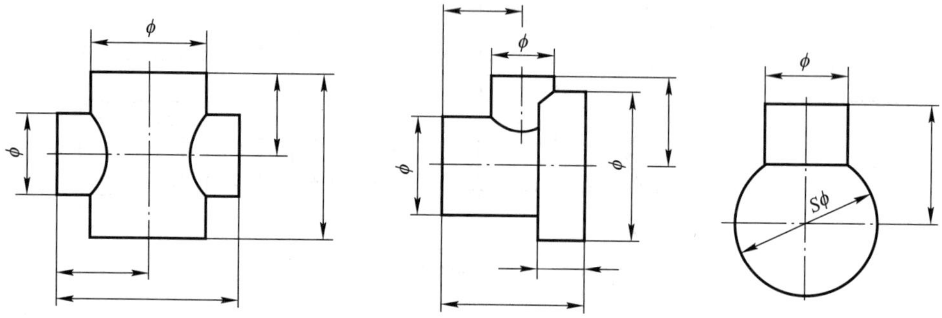

图 3-33　相贯线部分立体的尺寸标注

3. 组合体的尺寸标注

(1) 尺寸种类

定形尺寸——确定各基本体形状和大小的尺寸；

定位尺寸——确定各基本体之间相对位置的尺寸；

总体尺寸——零件长、宽、高三个方向的最大尺寸。

小贴士：总体尺寸、定位尺寸、定形尺寸可能重合，这时需作调整，以免出现多余尺寸。

(2) 尺寸基准

标注尺寸的起点，称为尺寸基准。

组合体有长、宽、高三个方向的尺寸，每个方向至少要有一个基准。通常以零件的底面、端面、对称面和轴线作为基准。

(3) 标注尺寸的注意事项

① 突出特征。

② 相对集中。

③ 布局整齐。

4. 常见几种平板的尺寸标注

常见几种平板的尺寸标注，如图 3-34 所示。

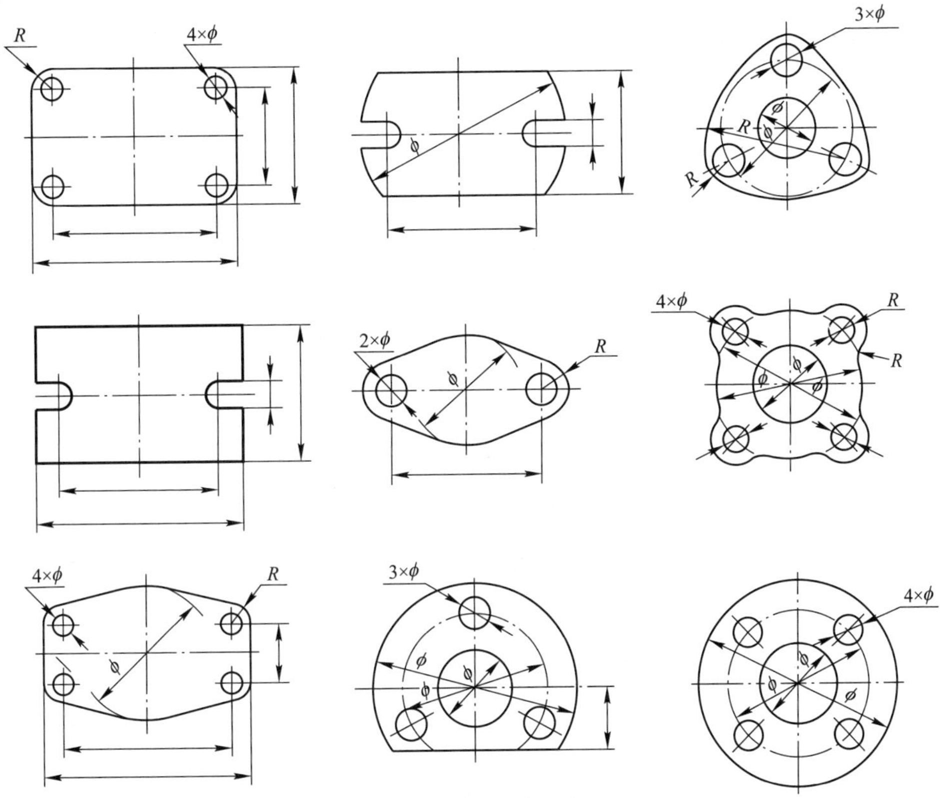

图 3-34　常见几种平板的尺寸标注

5. 标注尺寸的方法和步骤

在对物体进行形体分析的基础上，按下列步骤标注尺寸。

① 选择尺寸基准。

② 标注定形尺寸。

③ 标注定位尺寸。

④ 标注总体尺寸。

三、任务实施

1. 形体分析

用形体分析法，将轴承座分解成三个基本组成部分，如图 3-35 所示。

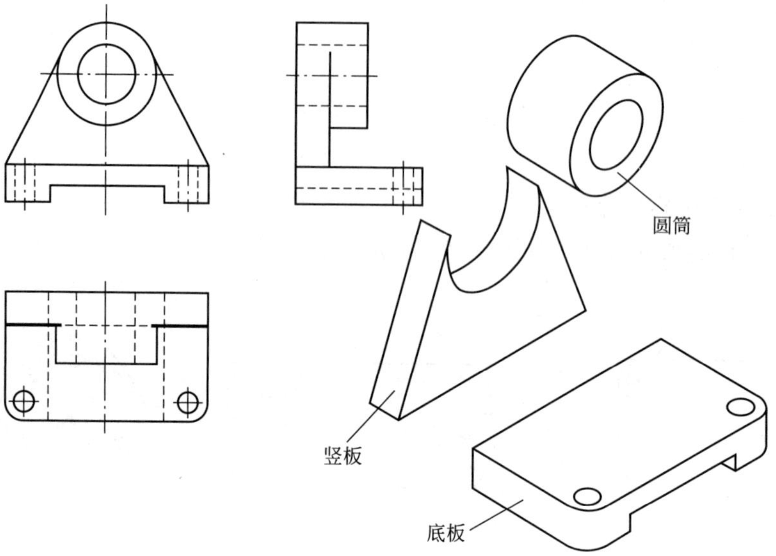

图 3-35 轴承座形体分析

2. 选择尺寸基准

选定尺寸基准，如图 3-36 所示。

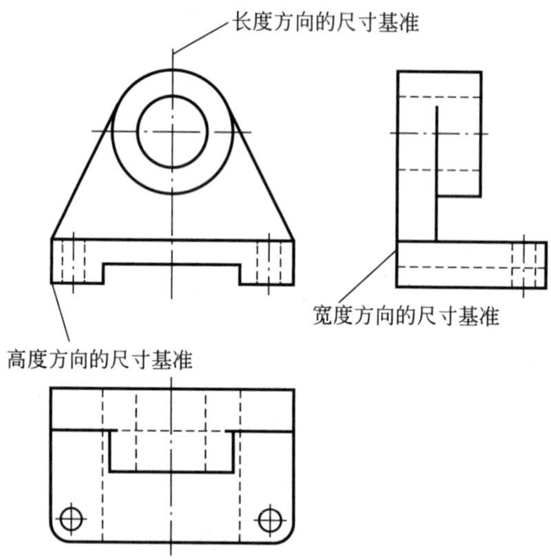

图 3-36 选择尺寸基准

3. 标注定位尺寸

标注定位尺寸，如图 3-37 所示。

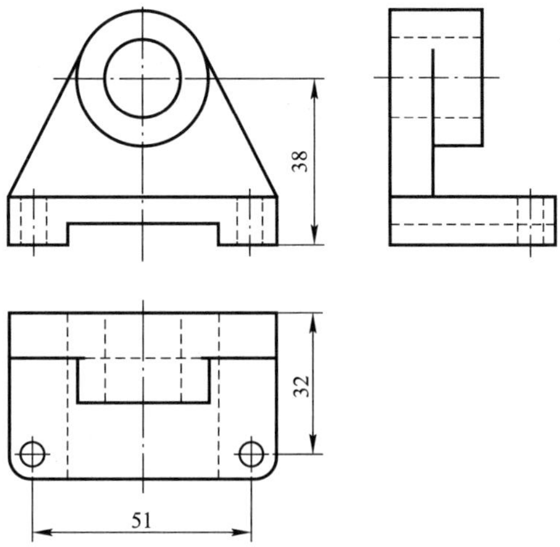

图 3-37　标注定位尺寸

4. 标注各部分的定形尺寸及总体尺寸

标注各部分的定形尺寸及总体尺寸，如图 3-38 所示。标注顺序为：底板→圆筒→竖板→检查。

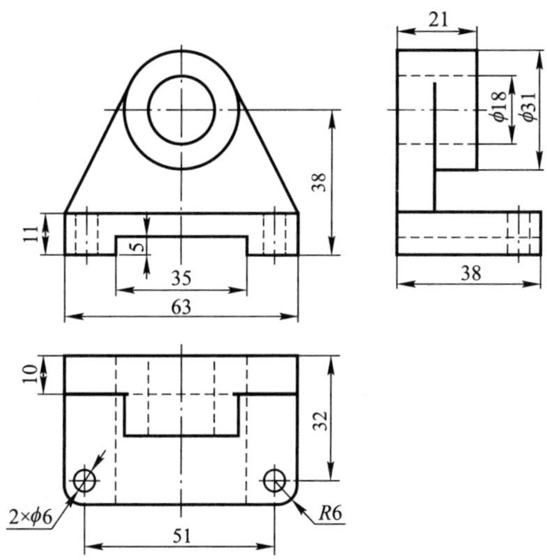

图 3-38　标注定形尺寸及总体尺寸

5. 检查描深

至此，任务完成。

模块三　组合体视图的画法

任务一　识读压块的三视图

运用正投影法，根据视图想象出空间物体的形状，这个过程就是看图。看懂视图，需综合运用前面所学的知识，掌握看图的基本方法，不断实践，才能逐步提高看图能力。

一、任务导入

用线面分析法读压块的三视图，如图 3-39 所示。

二、知识链接

压块是在基本形体的基础上被截割而形成的形体，属于切割类组合体，对于这类组合体的读图，可以采用“线面分析法”。

所谓线面分析法，就是运用投影规律把物体的表面分解为线、面等几何要素，通过分析这些要素的空间形状和位置来想象物体各表面形状和相对位置，并借助立体概念想象物体形状，达到看懂视图的目的。

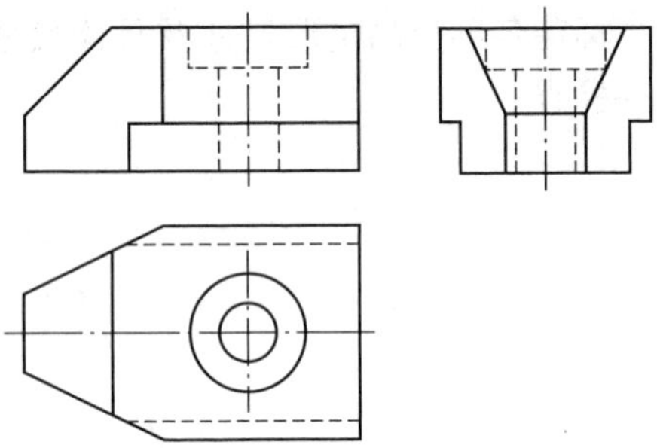

图 3-39　压块的三视图

三、任务实施

见图 3-40。

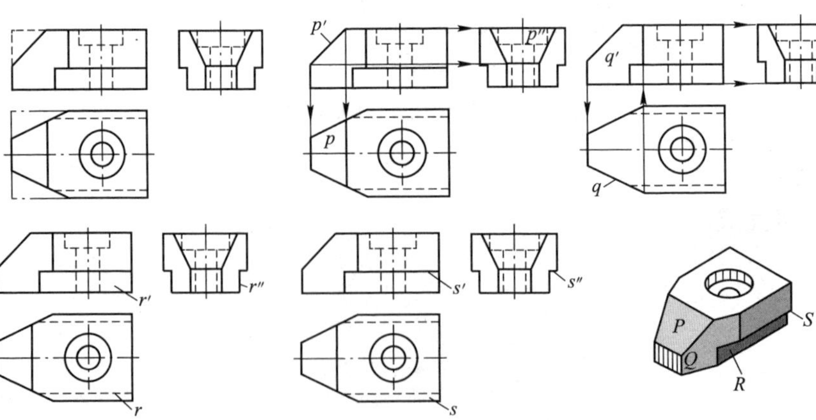

图 3-40　压块三视图识读

任务二　补画机件的俯视图

补画视图就是根据已知的两视图，运用形体分析法和线面分析法，想象出形体的结构形状，然后按照画组合体视图的步骤和方法，画出第三视图。

一、任务引入

已知主、左视图，补画俯视图，如图 3-41 所示。

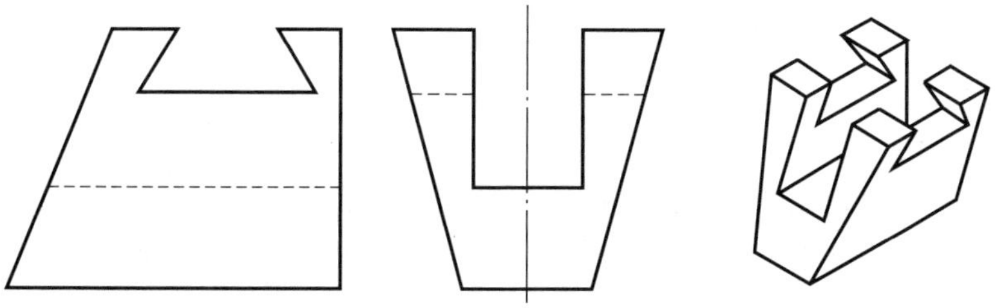

(a) 主视图　(b) 左视图　(c) 轴测图

图 3-41　物体主视图、左视图和轴测图

二、知识链接

1. 看图的基本方法和要点

① 几个视图联系起来看。

以下三个物体的主视图都是相同的，如图 3-42 所示。

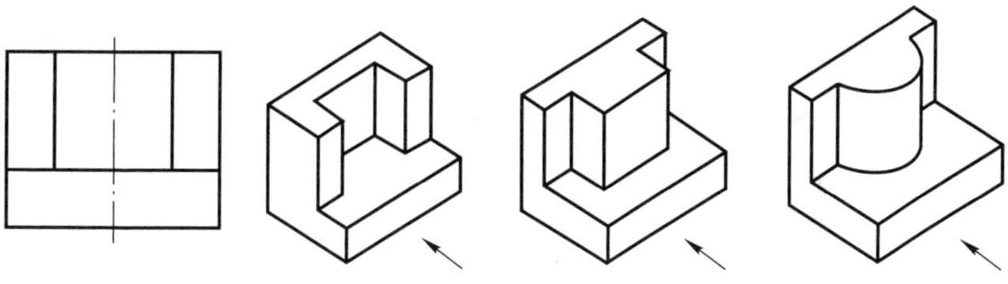

(a)　(b)　(c)

图 3-42　一个视图不能确切表示物体形状的示例

② 分析视图中的线框和图线的含义。

视图中每个封闭线框，通常都是物体上一个表面（平面或回转面）或孔的投影；每一条图线则可能是平面或回转面的积聚投影，也可能是线的投影。因此，必须将几个视图联系起来对照分析。

图线三种含义：

a）积聚性平面，如图 3-43（a）所示；

b）两个面的交线，如图 3-43（b）所示；

c）回转面的转向轮廓线，如图 3-43（c）所示。

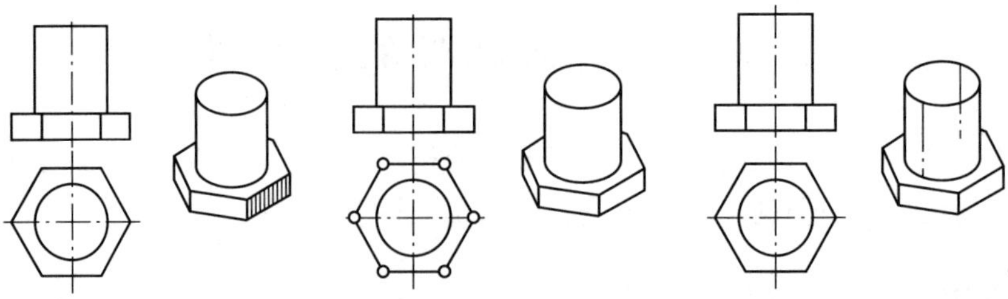

(a) 积聚性平面　　(b) 两个面的交线　　(c) 回转面的转向轮廓线

图 3-43　图线的三种含义

③ 应善于抓住视图中形状与位置特征进行分析。

2. 看图的方法

（1）形体分析法

形体分析法是把比较复杂的视图，按线框分成几个部分，运用三视图的投影规律，分别想象各形体的形状及相互连接方式，最后综合起来想出组合体的空间形状的看图方法。

（2）线面分析法

线面分析法是在形体分析的基础上，分析视图中线条和图框的含义，分析表面的相对位置、表面形状及投影规律，进行看图的方法。

看图的一般步骤：

① 分析视图，划分线框；

② 对照投影，想出形体；

③ 确定位置，想出整体。

三、任务实施

① 分析视图，想象整体，画出轮廓，如图 3-44 所示。

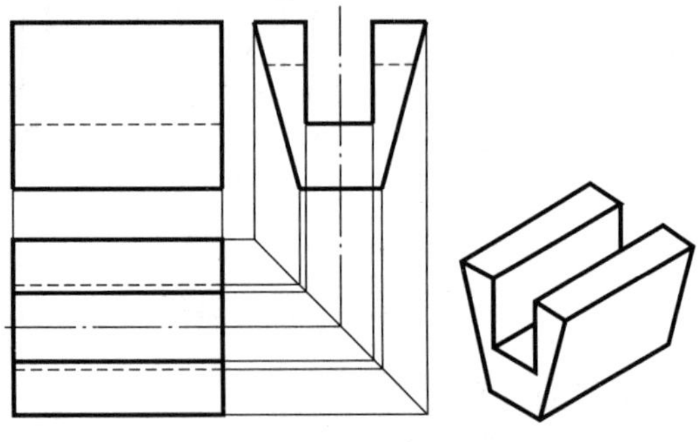

图 3-44　整体轮廓

② 对照投影，完成斜切形体俯视图绘制，如图 3-45 所示。

③ 确定位置，完成键槽俯视图投影绘制，如图 3-46 所示。

④ 删除多余线段，加粗描深，完成补画俯视图，如图 3-47 所示。

至此，任务完成。

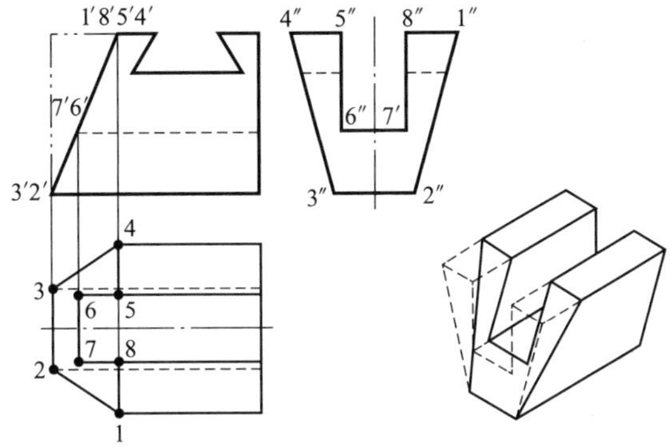

图 3-45　想象斜切

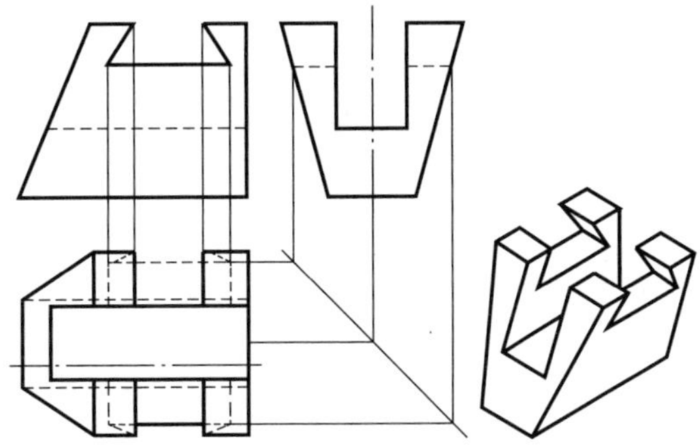

图 3-46　绘制键槽俯视图部分

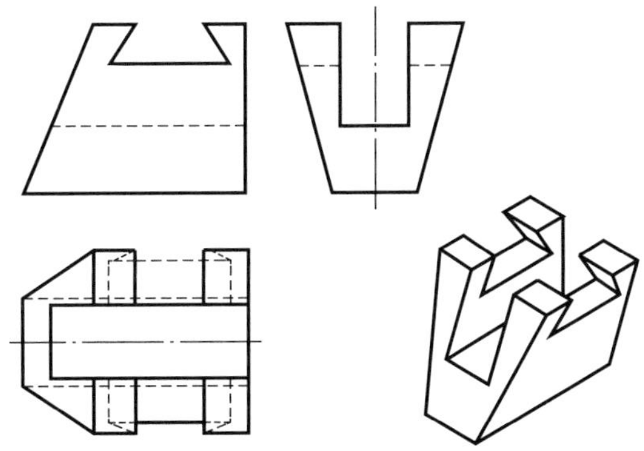

图 3-47　完成补画视图

项 目 小 结

1. 由两个或两个以上基本体组成的立体称为组合体。分析组合体采用形体分析法，即首先将组合体分为若干个基本体，然后再分析各组成部分的组合形式，平齐、相切时没有交线，不平齐、相交时有交线。

2. 平面与立体表面相交得出的交线叫截交线。求作截交线的投影就是求平面和立体的共有点连线的投影。

3. 两个立体相交的交线称为相贯线。求作相贯线的投影就是求两曲面立体表面的共有点连线的投影。其步骤是：

（1）求特殊点的投影；

（2）求一般点的投影；

（3）将各点的投影依次相连即为相贯线的投影。

4. 画组合体三视图的步骤：

（1）进行形体分析；

（2）选择主视图投影方向；

（3）确定比例和图幅；

（4）布置视图位置，画作图基准线；

（5）画底稿；

（6）检查、加深。

5. 组合体尺寸的标注要完整、正确、清晰、合理。首先将组合体分解成若干个基本几何体，逐个标注每一个基本体的定形尺寸和定位尺寸，然后标出组合体的总体尺寸。

6. 利用形体分析法和线面分析法，根据三视图想象物体的空间形状；根据两个视图画出第三个视图，或补全三视图中所缺的图线。

项目四　部件的表达方法

项目描述

生产和生活中的机件形状多样，有些机件的内、外形状都比较复杂，如果只用三视图可见部分画粗实线、不可见部分画虚线的方法往往不能表达清楚和完整。为此，国家标准规定了视图、剖视图和断面图等基本表达方法。学习本章要掌握各种表达方法的特点和画法，以便灵活地运用。

教学目标

【能力目标】

1. 能用基本视图的配置关系和各视图之间的三等关系进行绘图。
2. 会使用局部视图和斜视图的画法进行绘图和标注。
3. 能进行剖视图的绘制和标注。
4. 能进行断面图的绘制。

【知识目标】

1. 掌握基本视图、向视图、局部视图和斜视图的画法和标注。
2. 理解剖视图的形成，掌握剖视图的画法。
3. 掌握断面图的画法和标注方法。

【素质目标】

1. 能够形成自主探究学习的意识。
2. 树立规范制图的责任意识，养成严谨认真的工作作风。

模块一　视　　图

三视图可以表达结构简单的物体，而在实际生产和生活中，当物体的结构比较复杂时，仅用三视图是不能把它们的内外形状完整、清晰地表达出来的。视图主要用来表达机件的外部结构形状。视图分为基本视图、向视图、局部视图和斜视图。

任务一　绘制物体基本视图

一、任务导入

将机件放在正六面体内，分别向各基本投影面投射，所得的视图称为基本视图。绘制如图 4-1 所示组合体的基本视图。

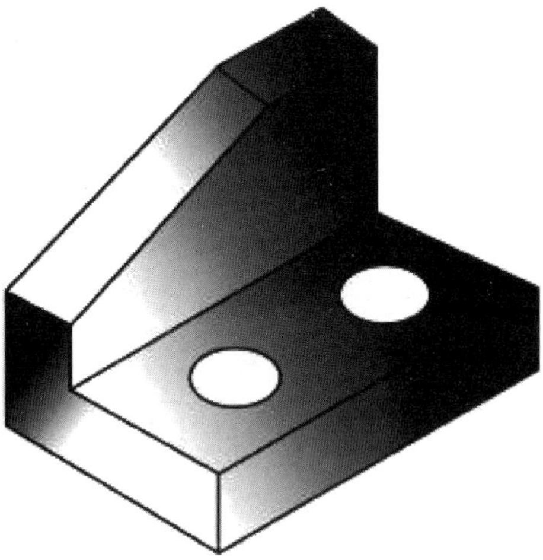

图 4-1　组合体的轴测图

二、知识链接

1. 基本视图的形成

机件向基本投影面投射所得到的视图称为基本视图，在这 6 个视图中，除前面学过的主视图、俯视图和左视图之外，还有右视图、仰视图和后视图，如图 4-2 所示。

2. 基本视图的配置和投影规律

6 个基本投影面的展开方法如图 4-3 所示。正投影面保持不动，其余各投影面按如图 4-3所示方向展开。

经展开后，各基本视图的位置如图 4-4 所示。

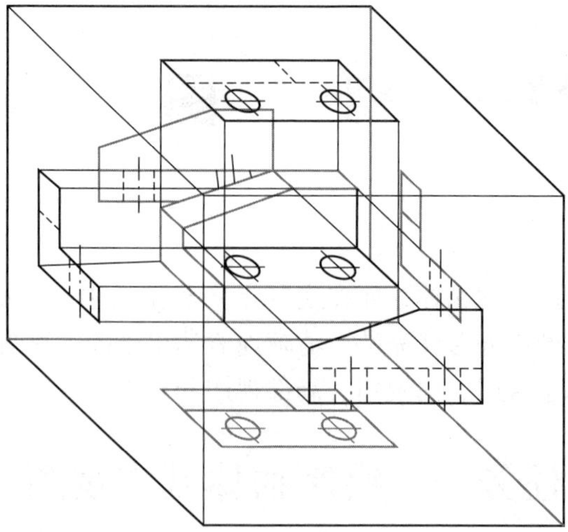

图 4-2 基本视图的形成

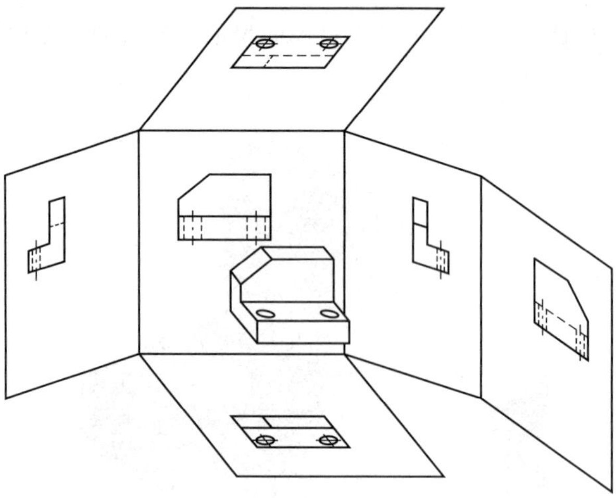

图 4-3 六个基本投影面的展开

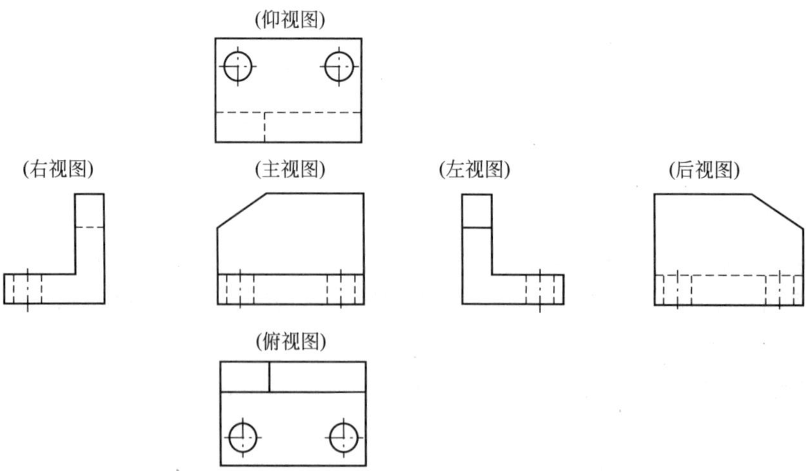

图 4-4 六个基本视图的配置

主视图——自物体的前方投射所得的视图；
俯视图——自物体的上方投射所得的视图；
左视图——自物体的左方投射所得的视图；
右视图——自物体的右方投射所得的视图；
仰视图——自物体的下方投射所得的视图；
后视图——自物体的后方投射所得的视图；
它们之间仍然符合“长对正、高平齐、宽相等”的三等关系的投影规律，即：
主视图、俯视图、仰视图、后视图长对正；
主视图、左视图、右视图、后视图高平齐；
俯视图、仰视图、左视图、右视图宽相等。

三、任务实施

① 绘制三视图，如图 4-5 所示。

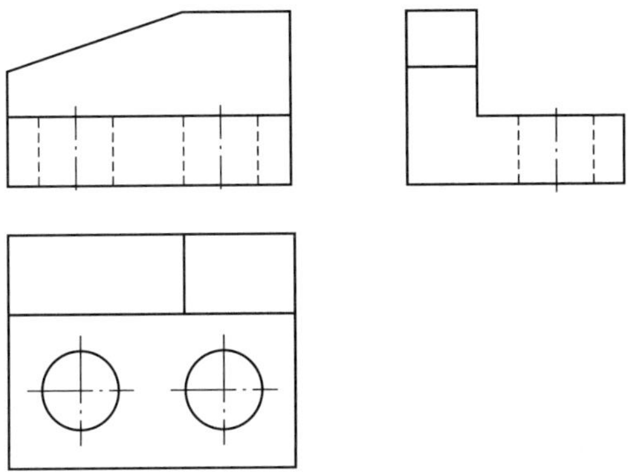

图 4-5　组合体三视图绘制

② 绘制右视图，如图 4-6 所示。

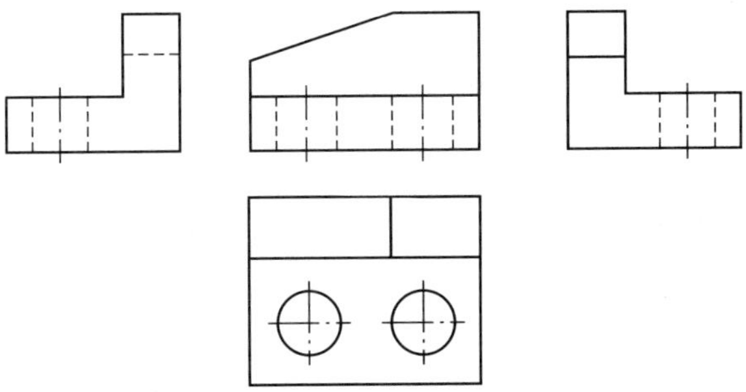

图 4-6　组合体右视图绘制图

③ 绘制仰视图，如图 4-7 所示。
④ 绘制后视图，如图 4-8 所示。
至此，任务完成。

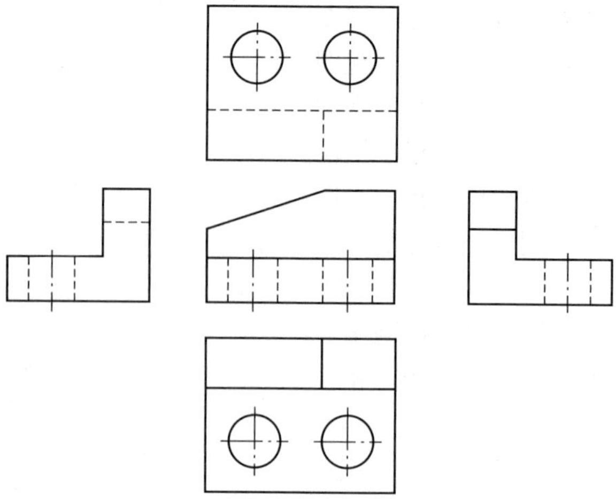

图 4-7　组合体仰视图绘制

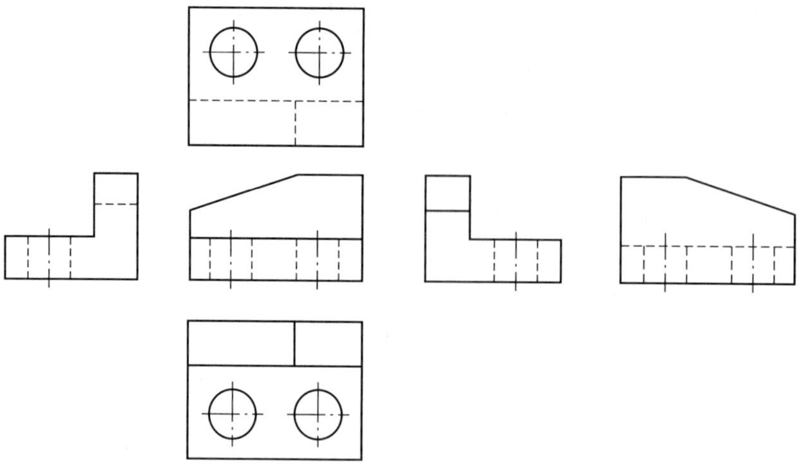

图 4-8　组合体后视图绘制

【知识拓展】

一、向视图

向视图是可以自由配置的基本视图。

在实际绘图过程中，有时难以将六个基本视图按图 4-4 形式配置，此时需要采用向视图的形式配置，如图 4-9 所示。

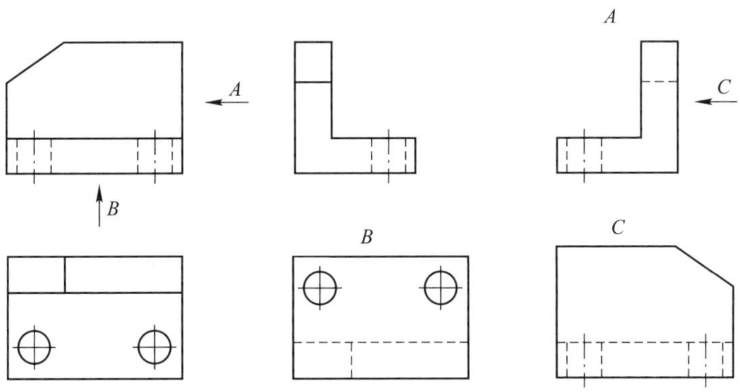

图 4-9　向视图

二、局部视图

1. *局部视图的形成*

将物体的某一部分向基本投影面投射所得的视图，称为局部视图。

2. *局部视图的配置与标注*

① 局部视图可以按基本视图的配置形式配置，如图 4-10 中 *A* 视图，也可以按向视图的配置形式自由配置，如图 4-10 中的 *B* 视图。

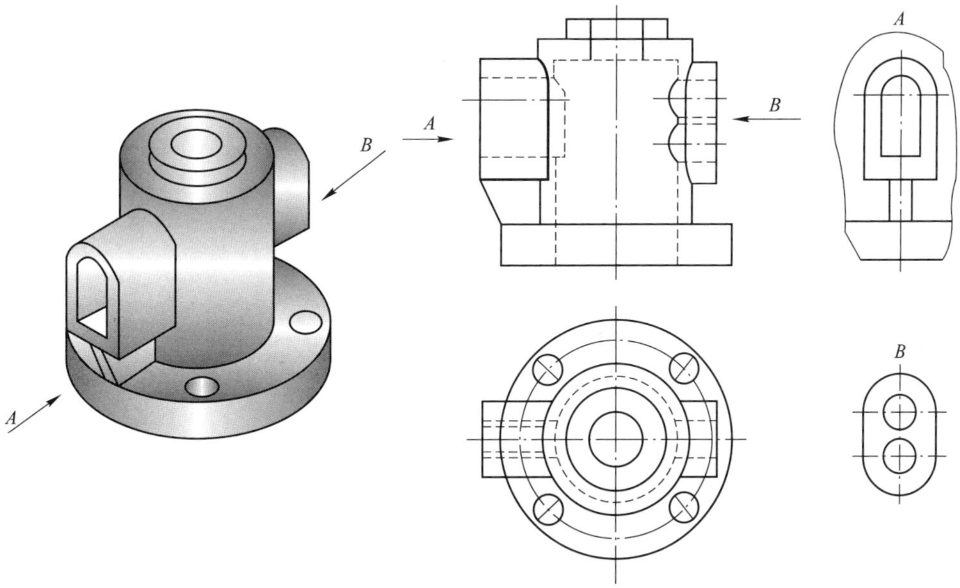

图 4-10　局部视图的配置与标注

② 在绘制向视图时，应在向视图的上方标注“×”（×为大写拉丁字母），在相应视图的附近用箭头指明投射方向，并注明相同的字母。当局部视图按投影关系配置，中间又无其他视图隔开时，允许省略标注。

③ 局部视图的断裂边界线用波浪线或双折线表示，但当所表示的局部结构是完整的，

其外轮廓线又是封闭的，这时波浪线可省略不画。波浪线不能超出轮廓线，不能与其他图线重合。

④ 在不引起误解的前提下，对称机件的视图可只画 1/2 或 1/4，但需在对称中心线的两端分别画出两条与之垂直的平行短细实线，如图 4-11 所示。

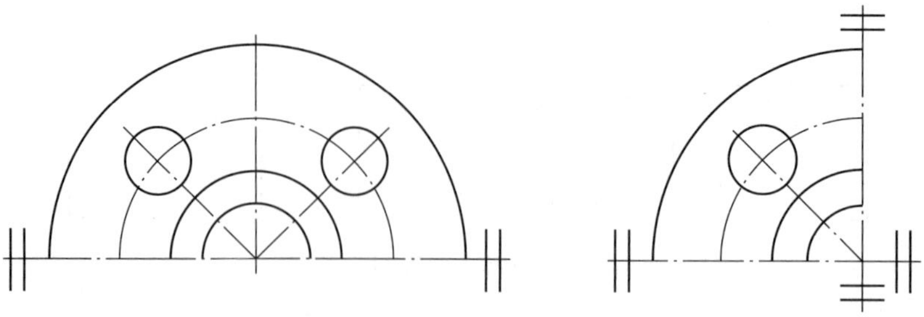

图 4-11　对称机件视图的画法

三、斜视图

将机件向不平行于基本投影面的平面投射所得的视图称为斜视图。斜视图通常用于表达物体的倾斜部分。

如图 4-12 所示，物体右侧部分与基本投影面倾斜，其基本视图不反映实形。为此增设一个与倾斜部分平行的辅助投影面 V_1，将倾斜部分向 V_1 面投射，得到反映该部分实形的视图，即斜视图。

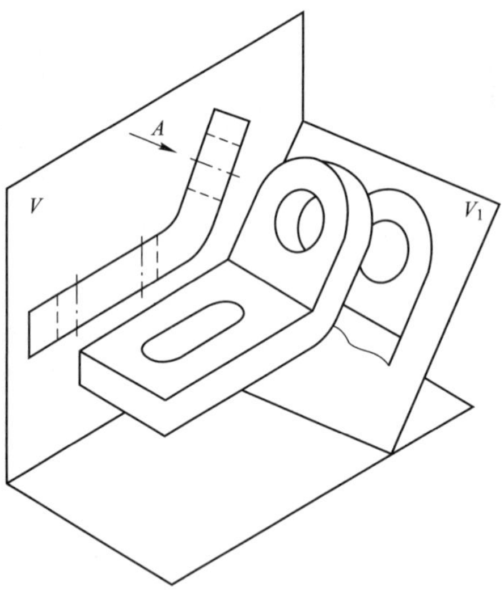

图 4-12　斜视图的形成

斜视图一般只画出倾斜部分的局部形状，其断裂边界用波浪线表示，并通常按向视图的配置形式配置并标注，如图 4-13（a）中的“*A*”图。允许将斜视图旋转配置，但需在斜视图上方注明。

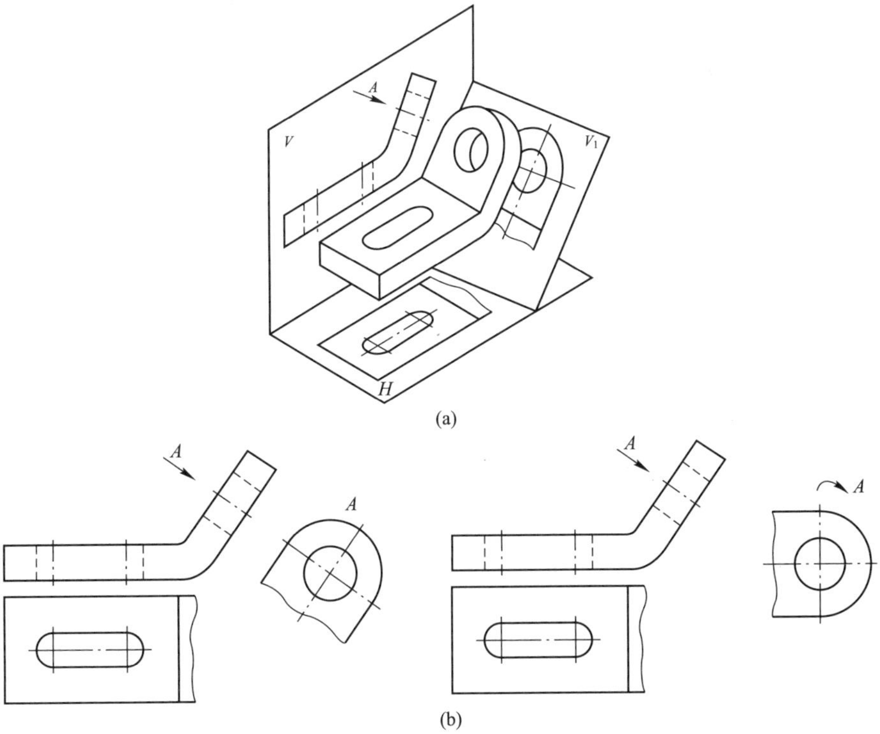

图 4-13　局部视图与斜视图的配置

任务二　绘制剖视图

当物体的内部结构比较复杂时，视图中就会出现较多的细虚线，既影响图形清晰，又不利于标注尺寸。为了清晰地表示物体的内部形状，国家标准《技术制图　图样画法　剖视图和断面图》（GB/T 17452—1998）和《机械制图　图样画法　剖视图和断面图》（GB/T 4458.6—2002）规定了剖视图的画法。

一、任务导入

绘制图 4-14 所示的接触网常用元件 QP-1 球头挂环的剖视图。

图 4-14　QP-1 球头挂环

二、知识链接

1. 剖视图的基本概念

假想用剖切面剖开物体，将处在观察者和剖切面之间的部分移去，而将其余部分向投影面投影所得的图形，称为剖视图，简称剖视，如图4-15所示。

如图4-16所示，将视图与剖视图进行比较：由于主视图采用了剖视，原来不可见的孔变成可见的，视图上的细虚线在剖视图中变成了粗实线，再加上在剖面区域内画出了规定的剖面符号，使图形清晰明了。

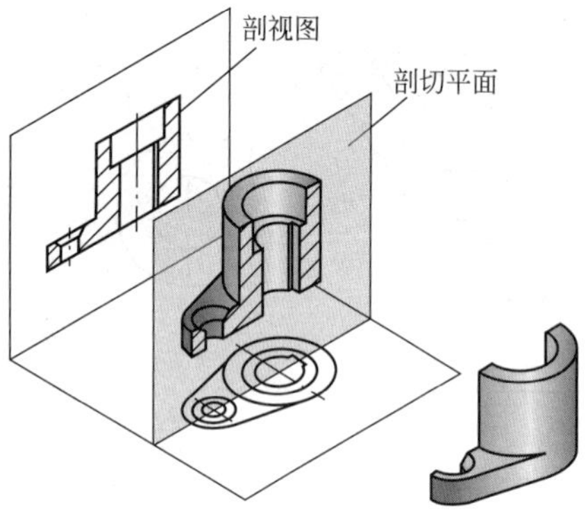

图4-15　剖视图的形成

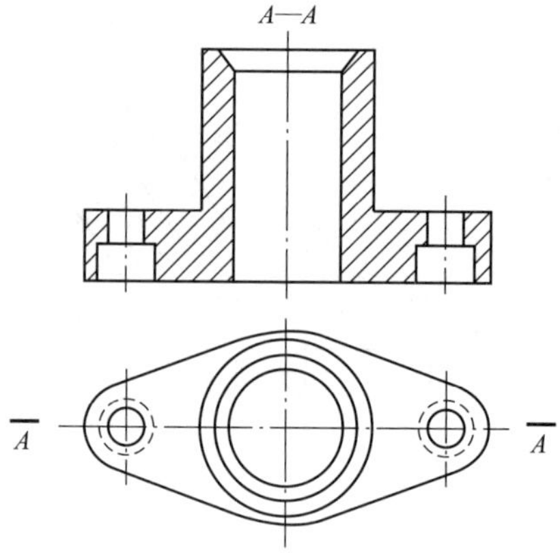

图4-16　剖视图

2. 剖视图的画法

（1）确定剖切面的位置；

（2）用假想剖切面剖开机件；

（3）移去剖切平面与观察者之间的部分机件。

3. 剖面区域的表示法

假想用剖切面剖开物体，剖切面与物体的接触部分，称为剖面区域。通常要在剖面区域画出剖面符号。剖面符号的作用一是明显区分被剖切部分与未剖切部分，增强剖视的层次感；二是识别相邻理念的形状结构及其装配关系；三是区分材料的类别。

需要在剖面区域中表示物体的材料类别时，应根据国家标准《机械制图 剖面区域的表示法》（GB/T 4457.5—2013）中的规定绘制，如表4-1所示。

表4-1　剖面符号

材料类别	剖面符号	材料类别	剖面符号	材料类别	剖面符号
金属材料（已有规定剖面符号者除外）	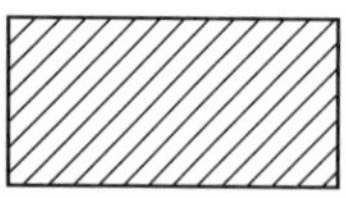	非金属材料（已有规定剖面符号者除外）	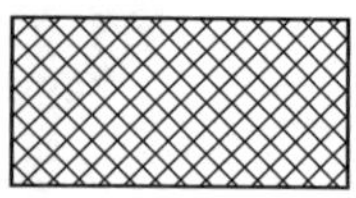	线圈绕组元件	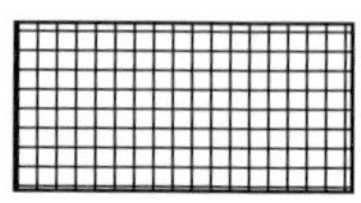
型砂、填砂、粉末冶金、砂轮、陶瓷刀片、合金刀片等	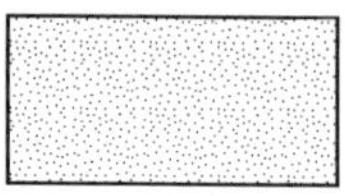	液体	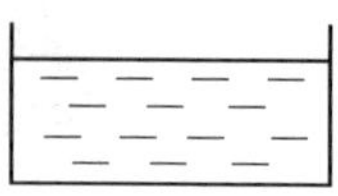	木材纵剖面	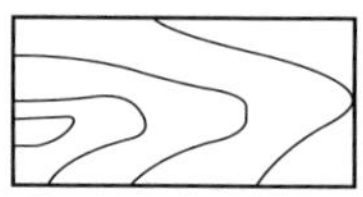

续表

材料类别	剖面符号	材料类别	剖面符号	材料类别	剖面符号
转子、电枢、变压器和电抗器等叠钢片		玻璃及供观察用的其他透明材料	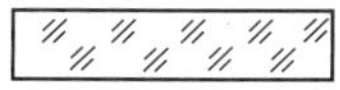	木材横剖面	
混凝土	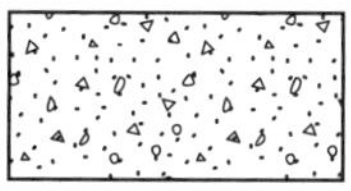	砖	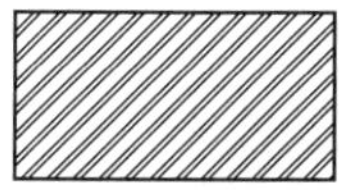	木材胶合板（不分层数）	
钢筋混凝土	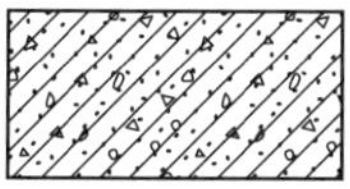	基础周围的泥土	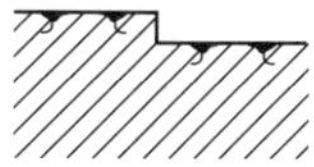	格网（筛网、过滤网等）	

4. 剖视的标注

为了便于看图，在画剖视图时，应将剖切位置、剖切后的投射方向和剖视图名称标注在相应的视图上，标注的内容如图 4-16 所示。

① 剖切符号：表示剖切面的位置。

② 投射方向：在剖切符号的两端外侧，用箭头指明剖切后的投射方向。

③ 剖视图的名称：在剖视图的上方用大写拉丁字母标注剖视图的名称“$X—X$”，并在剖切符号的一侧注上同样的字母。

5. 画剖视图应注意的问题

① 因为剖切是假想的，所以除剖视图本身外，其余的视图应画成完整的图形。

② 在剖视图中，剖切平面后面的可见轮廓线都应画出。

③ 同一机件可用不同的剖切面剖切，分别得到不同的剖视图。

④ 剖视图一般不画虚线，只有当不足以表达清楚机件的形状时，为了节省一个视图，才在剖视图上画出虚线。

6. 剖视图的种类

根据剖开物体的范围，可将剖视图分为全剖视图、半剖视图和局部剖视图。国家标准规定，剖切面可以是平面也可以是曲面、可以是单一剖切面也可以是组合的剖切面。绘图时，应根据物体的结构特点，恰当地选取单一剖切面、几个平行剖切面或几个相交的剖切面（交线垂直于某一投影面），绘制物体的全剖视图、半剖视图和局部剖视图。

（1）全剖视图

用剖切平面完全地剖开机件所得的剖视图称为全剖视图，简称全剖视。主要适用于表达外形简单、内形复杂而又不对称的物体。

全剖视的标注规则如前所述。

① 用单一剖切面切割。

单一剖切面通常指平面或柱面。用单一剖切平面剖切得到的全剖视图，是最常用的剖切形式。

② 用几个平行的剖切面切割。

当物体上有若干不在同一平面而又需要表达的内部结构时，可采用几个平行的剖切平面剖开物体。几个平行的剖切平面可能是两个或两个以上，各剖切平面的转折必须是直角。如图 4-17 所示。

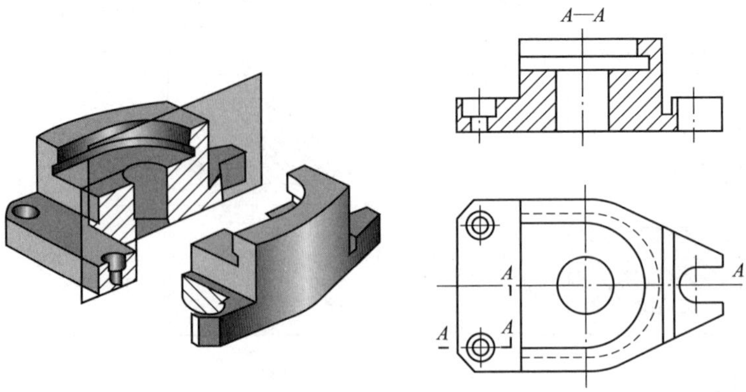

图 4-17　用单一剖视图

（2）半剖视图

当机件具有对称平面时，向垂直于对称平面的投影面上投射，允许以对称中心线为界，一半画成剖视图，另一半画成视图，所得的剖视图称为半剖视图，简称半剖视。半剖视图主要用于内外形状都需要表达，且对称的机件。如图 4-18 所示。

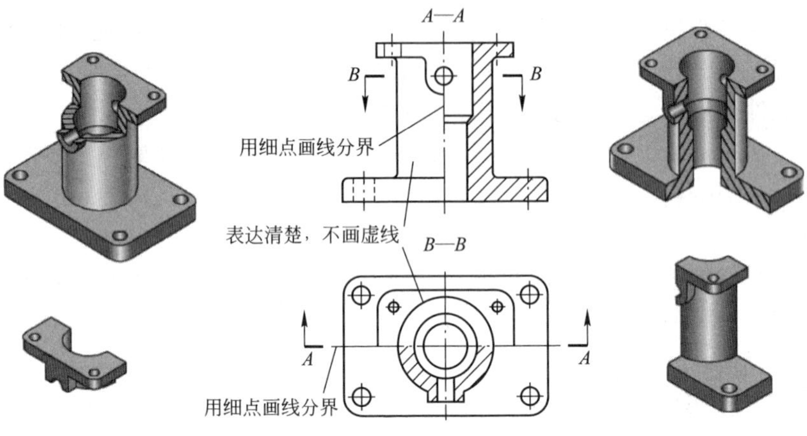

图 4-18　半剖视图

画半剖视图时应注意以下几点。

① 视图部分和剖视图部分必须以细点画线为界。在半剖视图中，剖视部分的位置通常按以下原则配置：

在主视图中，位于对称线的右侧；

在俯视图中，位于对称线的下方；

在左视图中，位于对称线的右侧。

② 由于物体的内部形状已在半个剖视中表示清楚，所以在半个视图中的细虚线省略，

但对孔、槽等需用细点画线表示其中心位置。

③ 对于那些在半剖视中不易表达的部分，如图 4-18 中安装板上的孔，可在视图中以局部剖视的方式表达。

④ 半剖视的标注方法与全剖视相同。但要注意：剖切符号应画在图形轮廓线以外，如图 4-18 主视图中的“*A*—*A*”。

⑤ 当物体形状接近对称，且不对称部分已在其他视图中表达清楚时，也可画成半剖视图，但对孔、槽等需用细点画线表示其中心位置。

（3）局部剖视图

用剖切平面局部地剖开机件所得的剖视图称为局部剖视图，简称局部剖视。适用于物体只有局部内形需要表示，而又不宜采用全剖视的情况，如图 4-19 所示。局部剖视是一种灵活、便捷的表达方法。它的剖切位置和剖切范围，可根据实际需要确定。但在一个视图中，过多地选用局部剖视，会使图形零乱，给看图造成困难。

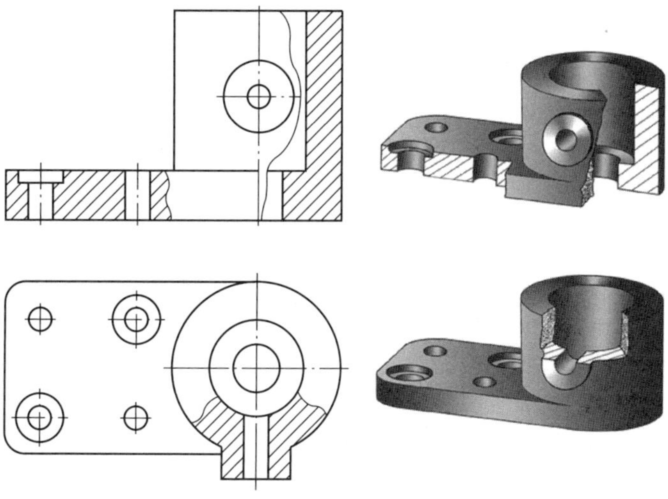

(a)　　(b)

图 4-19　局部剖视图

画局部剖视时应注意以下几点。

① 当被剖结构为回转体时，允许将该结构的轴线作为局部剖视与视图的分界线。当对称物体的内部（或外部）轮廓线与对称线重合而不宜采用半剖视时，可采用局部剖视。

② 局部剖视的视图部分和剖视部分以波浪线分界。波浪线要画在物体的实体部分，不应超出视图的轮廓线，也不能与其他图线重合。

③ 对于剖切位置明显的局部剖视，一般不予标注。必要时，可按全剖视的标注方法标注。

三、任务实施

很明显，图 4-14 物体是内外形状都需要表达且对称的机件，因此我们选择半剖视图进行表达。

① 确定剖切面的位置，如图 4-20 所示。

② 绘制剖视图，如图 4-21 所示。

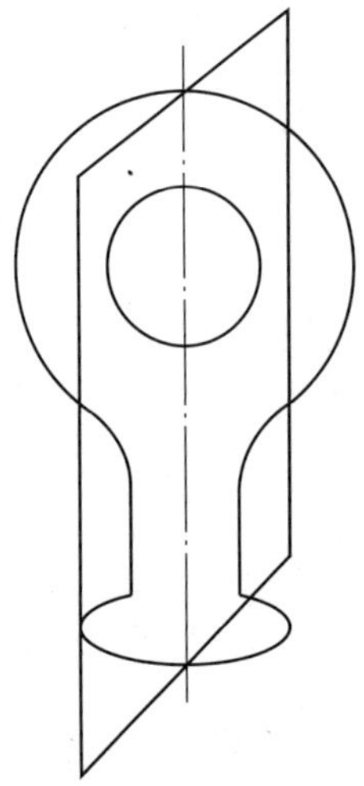

图 4-20　QP-1 球头挂环剖切

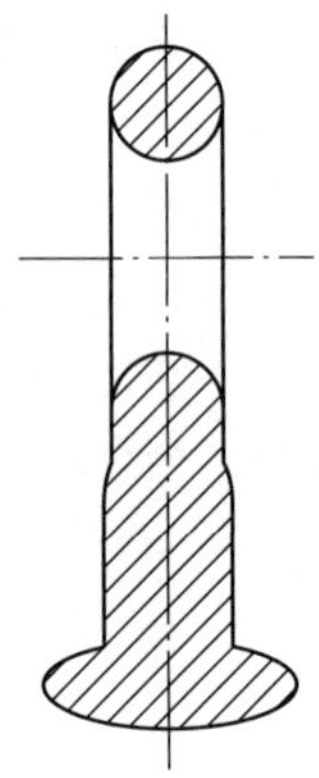

图 4-21　QP-1 球头挂环半剖视图

至此，任务完成。

任务三　绘制断面图

一、任务导入

分别绘制零件的移出断面图和重合断面图。

1. 用移出断面图表达如图 4-22 所示的轴的键槽和孔。

如果采用左视图表达轴的键槽和小孔是否贯通的话，既不清晰，也不便于标注尺寸，所以采用断面图来表达。

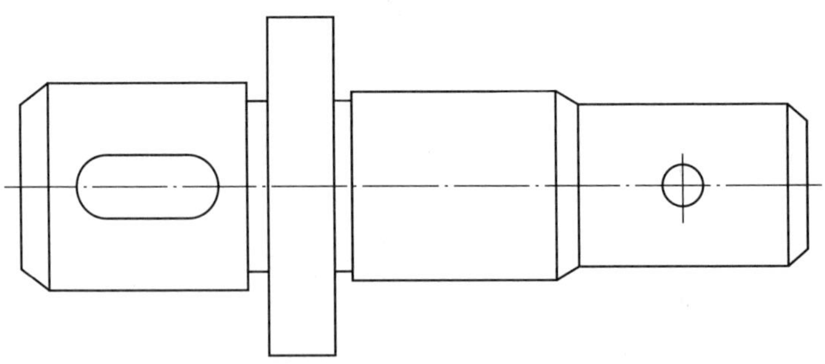

图 4-22　轴

2. 分析如图 4-23 所示的重合断面图的用途和画法。

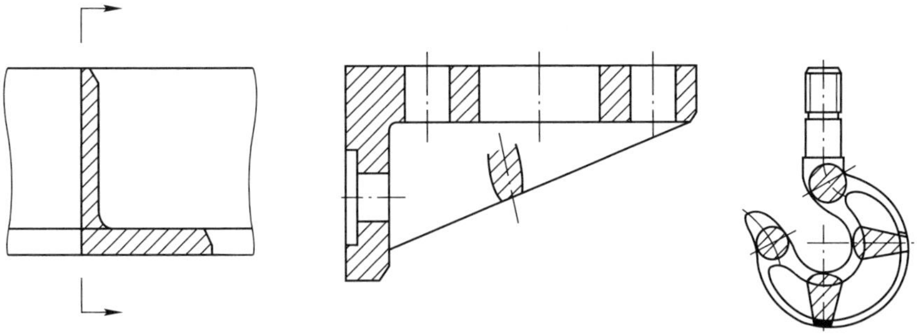

(a)　(b)　(c)

图 4-23　重合断面图

二、知识链接

1. 断面图的概念

假想用剖切面将机件的某处切断，仅画出该剖切面与物体接触部分的图形，称为断面图，简称断面，如图 4-24 所示。

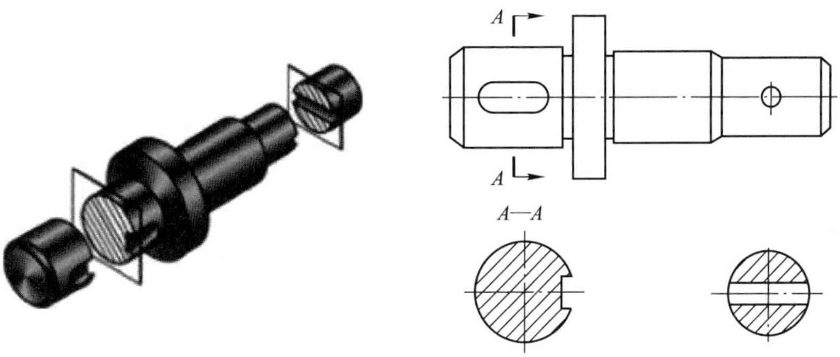

图 4-24　断面图

2. 断面图与剖视图的区别

断面图是零件上剖切处断面的投影，而剖视图则是剖切后零件的投影。

3. 断面图的种类

（1）移出断面图

画在视图之外的断面图，称为移出断面图。

（2）重合断面图

剖切后将断面图形重叠在视图上，这样得到的断面图称为重合断面图。

4. 移出断面图的画法

① 移出断面的轮廓线用粗实线绘制。

② 为了看图方便，移出断面应尽量画在剖切位置线的延长线上。必要时，也可配置在其他适当位置。

③ 如果机件的断面形状一致或按一定规律变化时，移出断面图可画在视图的中断处。

④ 当剖切平面通过回转面形成的孔、凹坑，或当剖切平面通过非圆孔，会导致出现完

全分离的几部分时，这些结构应按剖视绘制。

⑤ 剖切平面一般应垂直于被剖切部分的主要轮廓线。当遇到肋板结构时，可用两个相交的剖切面，分别垂直于左、右肋板进行剖切，这样画出的断面图，中间应用波浪线断开。

三、任务实施

1. 根据断面图要求，绘制如图 4-25 所示轴的移出断面图

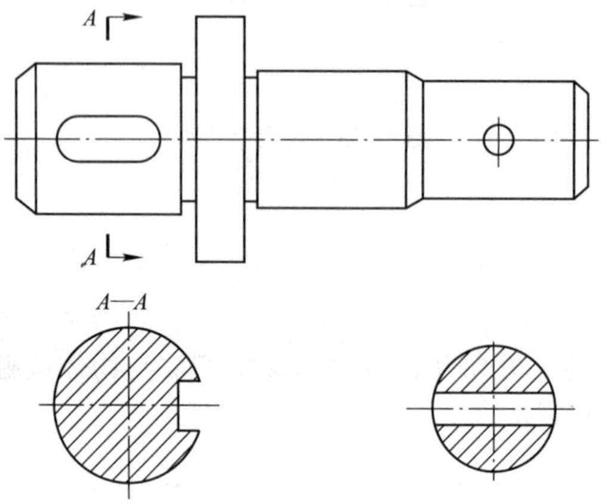

图 4-25　轴的断面图

2. 绘制重合断面图

（1）分析重合断面图的位置

分析图中的重合断面图可知，重合断面图绘制在视图轮廓线之内。

（2）分析重合断面图的作用

图 4-23（a）表达了角钢的断面形状，图 4-23（b）表达了肋板的形状，图 4-23（c）表达了吊钩各个位置的断面形状。

（3）分析重合断面图的轮廓线

重合断面图的轮廓线不是用粗实线绘制的，而是用细实线绘制的。当视图中的轮廓线与重合断面图的轮廓线重叠时，视图的轮廓线完整画出，不能间断。

（4）分析重合断面图的标注

国家标准规定，对称的重合断面图不必标注，如图 4-23（b）、（c）所示；不对称的重合断面图可以省略标注，但应标注剖切符号（含箭头），如图 4-23（a）所示。

至此，任务完成。

模块二　局部放大图和简化画法认知

任务一　识读局部放大图

如图 4-26 所示的轴上有细小结构，用原比例画图时很难将其表达清楚，又不便于标注尺寸，可将该部分结构用局部放大图表达。

一、任务导入

识读如图 4-26 所示的轴上细小结构的局部放大图。

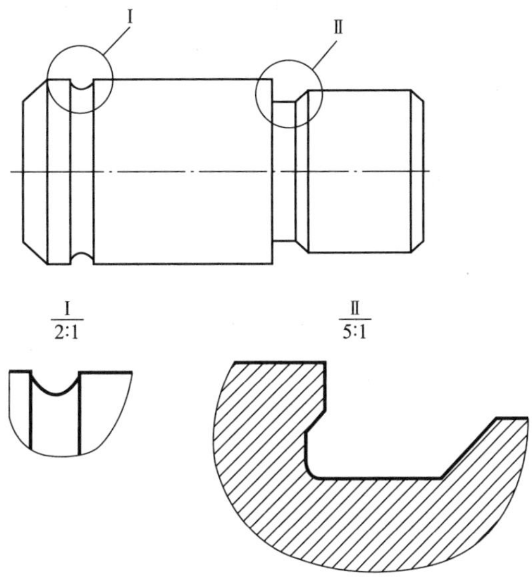

图 4-26　轴上细小结构的局部放大图

二、知识链接

识读局部放大图注意以下几方面：

① 仅有一处局部放大图时，只需标注比例即可；

② 必要时可用几个局部放大图表达同一个被放大部位的结构；

③ 同一机件上不同部位的局部放大图，当图形相同或对称时只需画出一个。

三、任务实施

1. 认识局部放大图

将机件的部分结构用大于原图形所采用的比例画出的图形，称为局部放大图。

2. 了解局部放大图的画法

① 局部放大图可以画成视图、剖视图和断面图，与被放大部分的表达无关。

② 绘制局部放大图时，应在视图上用细实线圈出被放大部位（螺纹牙型和齿轮的齿形除外），并将局部放大图配置在被放大部位的附近。

③ 当同一机件上有几个被放大的部分时，应用罗马数字编号，并在局部放大图上方标注出相应的罗马数字和所采用的比例。

至此，任务完成。

任务二　简化画法

技术图样上，通用的简化表示法的推广使用，能使制图简化，减少绘图工作量。简化表示法由简化画法和简化注法组成。

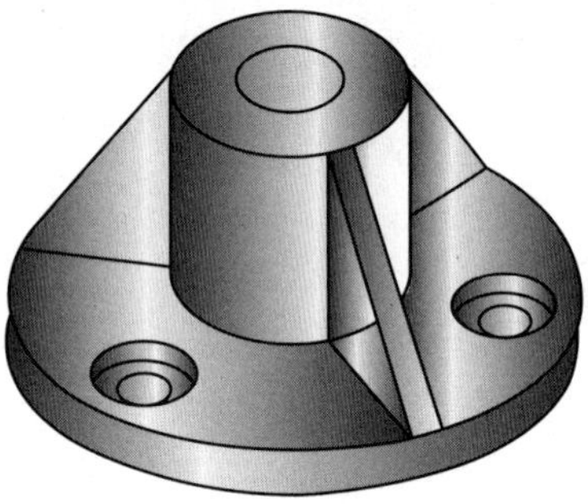

图 4-27　机件图

一、任务导入

用规定画法和简化画法绘制如图 4-27 所示机件的两视图。对于这种结构的表达，可以采用国家标准中规定的一些规定画法和简化画法。

二、知识链接

1. 肋板剖切的画法

对于机件上的肋、轮辐和薄壁等结构，当剖切面沿纵向（通过轮辐、肋等的轴线或对称平面）剖切时，规定在这些结构的截断面上不画剖面符号，但必须用粗实线将它与邻接部分分开，如图 4-28 中的左视图。但当剖切平面沿横向（垂直于结构轴线或对称面）剖切时，仍需画出剖面符号，如图 4-28 中的俯视图。

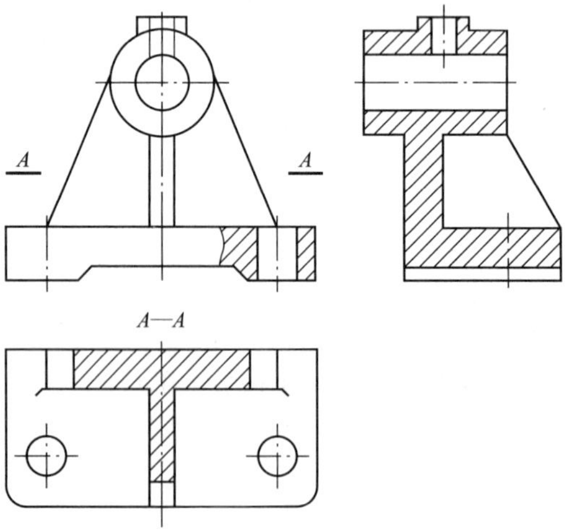

图 4-28　机件上肋的画法

2. 均布肋、孔剖切的画法

当回转体机件上均匀分布的肋、轮辐、孔等结构不处于剖切平面时，可将这些结构假想旋转到剖切平面上画出。

3. 均布孔的简化画法

国家标准规定，按一定规律分布的相同结构，可只画一个，其余的只表示其中心位置。

4. 简化画法适用情况

① 当机件上具有若干相同结构（如齿、槽等）并按一定规律分布时，只需画出几个完整的结构，其余的用细实线连接，在图上则必须注明该结构的总数。

当机件上具有若干直径相同且成规律分布的孔（圆孔、螺孔、沉孔等），可以仅画出一个或几个，其余的只需用点画线表示其中心位置，在图上注明孔的总数。

② 较长的机件（如轴、杆、型材、连杆等），当沿长度方向形状一致或按一定规律变化时，允许断开画出，但要按实际尺寸标注。

③ 在不致引起误解时，对于对称机件的视图可只画一半或四分之一，并在图形对称中心线的两端分别画出两条与其垂直的平行细实线（短划）。也可画出略大于一半的图形。

④ 当机件上较小的结构及斜度等已在一个图形中表达清楚时，其他图形应当简化或省略。

⑤ 与投影面倾斜角度小于 30°的圆或圆弧，其投影椭圆可用圆或圆弧代替。

除确属需要表示的某些圆角、倒角外，其他圆角、倒角在零件图中均可不画，但必须注明尺寸，或在技术要求中加以说明。

滚花一般采用在轮廓线附近用细实线局部画出的方法表示，也可省略不画。

三、任务实施

根据要求，绘制出机件上均匀分布的肋、孔，如图 4-29 所示。

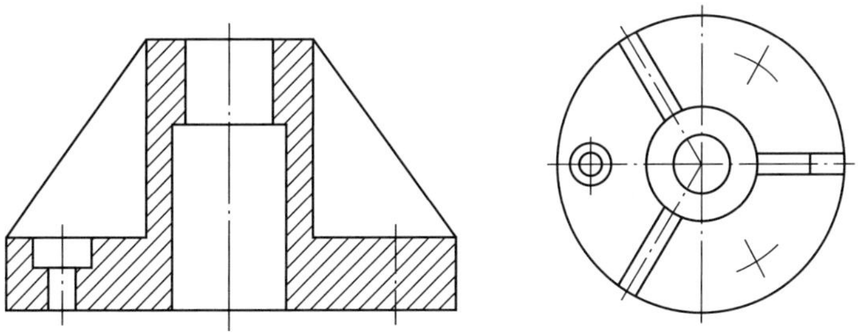

图 4-29　机件上均匀分布的肋、孔

至此，任务完成。

项 目 小 结

在绘制图样时，确定机件表达方法的原则是：在完整、清晰地表达机件各部分内外结构形状及其相对位置的前提下，力求看图方便，绘图简单。因此，在绘制图样时，应有效地、合理地、综合应用这些表达方法。

项目五　标准件和常用件识别与绘制

项目描述

工程中机器或部件经常是由大量通用零件构成的，如起连接作用的螺纹紧固件、用于定位的销、支撑轴用的滚动轴承、起传递动力用的变速齿轮等。为了便于制造和使用，国家标准规定将它们的结构、尺寸画法等方面全部标准化或部分主要参数标准化、系列化，前者称为标准件，后者称为常用件。

本项目主要介绍螺纹、螺纹紧固件以及齿轮、平键、销、滚动轴承、弹簧的基本知识、规定画法和标记。

教学目标

【能力目标】

1. 能应用内、外螺纹的画法及螺纹连接画法绘制图形。
2. 能正确对螺纹进行尺寸标注。
3. 常用螺纹紧固件的连接画法。

【知识目标】

1. 了解螺纹的形成、结构和要素。
2. 掌握常用螺纹紧固件的规定画法。

【素质目标】

1. 能够形成自主探究学习的意识。
2. 树立规范制图的责任意识，养成严谨认真的工作作风。

在各种机器、仪器及设备中，螺纹紧固件、键、销等零件都被广泛应用，对其结构、尺寸、规格和质量国家都制定了相应的标准，因此将其统称标准件，在画法和标注上应严格遵守相关规定，本项目主要讲解螺纹和螺纹紧固件，其他作为知识拓展进行自学。

任务一　螺　　纹

螺纹是零件上常见的一种结构。螺纹分为外螺纹和内螺纹两种，成对使用。在圆柱或圆锥外表面上所形成的螺纹称为外螺纹；在圆柱或圆锥内表面上加工的螺纹称为内螺纹，如图 5-1所示。

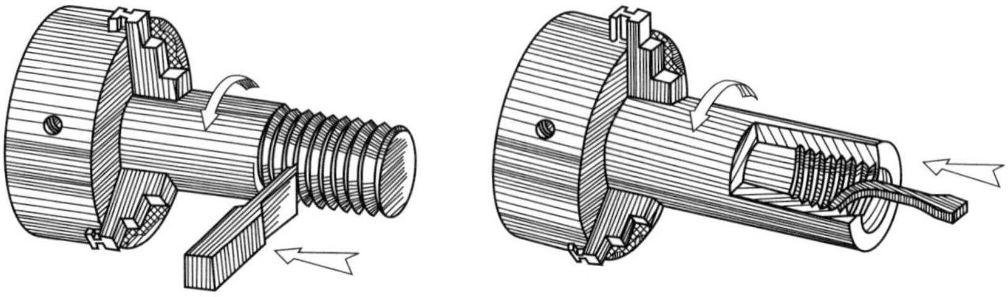

(a) 在车床上加工外螺纹　　(b) 在车床上加工内螺纹

图 5-1　加工螺纹

一、任务导入

正确绘制内、外螺纹及螺纹连接视图。

二、知识链接

1. 螺纹的形成

螺纹可认为是在圆柱体（或圆锥体）表面上沿螺旋线所形成的螺旋体，具有相同轴向断面的连续凸起和沟槽的结构称为螺纹。

2. 螺纹的结构要素

螺纹的要素有牙型、直径、螺距、线数和旋向。当内外螺纹连接时，上述五要素必须相同，如图 5-2 所示。

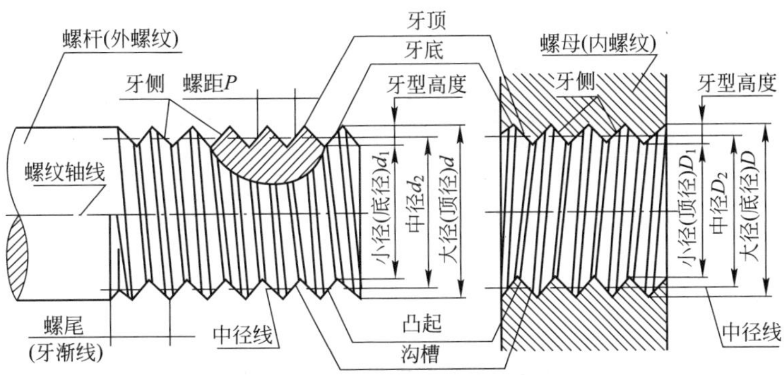

(a) 外螺纹　　(b) 内螺纹

图 5-2　螺纹的要素

（1）牙型

牙型是指在通过沿螺纹轴线的断面上的螺纹轮廓线。螺纹牙型有三角形、梯形、锯齿形等，不同种类的螺纹牙型有不同的用途。（参见表 5-1）

表 5-1　常用标准螺纹的种类、标记和标注

<table>
<tr><th colspan="3">螺纹类型</th><th>特征代号</th><th>牙型</th><th>标注示例</th><th>说明</th></tr>
<tr><td rowspan="2">连接和紧固用螺纹</td><td colspan="2">粗牙普通螺纹</td><td rowspan="2">M</td><td rowspan="2">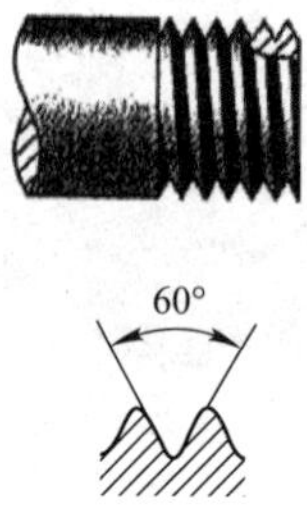</td><td>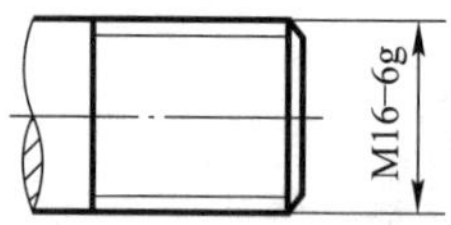</td><td>粗牙普通外螺纹公称直径 16，右旋；中径公差带和大径公差带均为 6g；中等旋合长度</td></tr>
<tr><td colspan="2">细牙普通螺纹</td><td>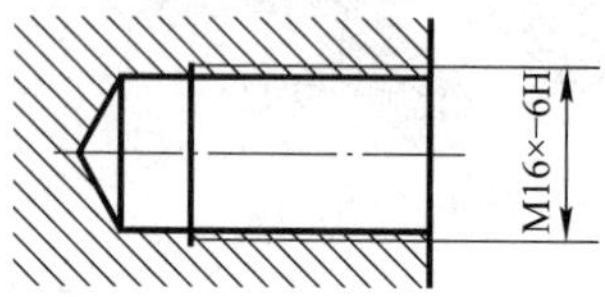</td><td>细牙普通内螺纹公称直径 16，螺距 1，右旋；中径公差带和小径公差带均为 6 H；中等旋合长度</td></tr>
<tr><td rowspan="4">管用螺纹</td><td colspan="2">55°非密封管螺纹</td><td>G</td><td rowspan="4">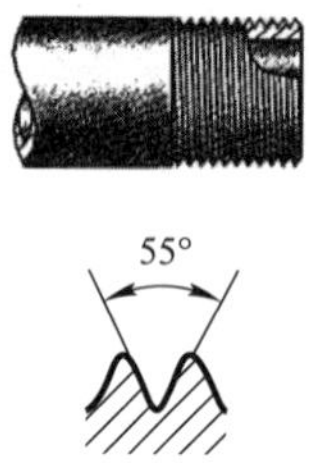</td><td>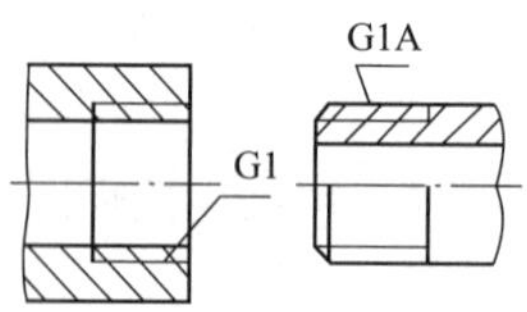</td><td>55°非密封管螺纹
G—螺纹特征代号
1—尺寸代号
A—外螺纹公差等级代号</td></tr>
<tr><td rowspan="3">55°密封管螺纹</td><td>圆锥内螺纹</td><td>R_C</td><td rowspan="3">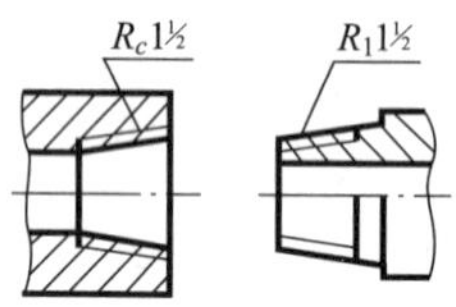</td><td rowspan="3">55°密封管螺纹
R_C—圆锥内螺纹
R_P—圆柱内螺纹
R_1—与圆柱内螺纹相配合的圆锥外螺纹
R_2—与圆锥内螺纹相配合的圆锥外螺纹
1½—尺寸代号</td></tr>
<tr><td>圆柱内螺纹</td><td>R_P</td></tr>
<tr><td>圆锥外螺纹</td><td>R_1
R_2</td></tr>
<tr><td>传动螺纹</td><td colspan="2">梯形螺纹</td><td>T_r</td><td>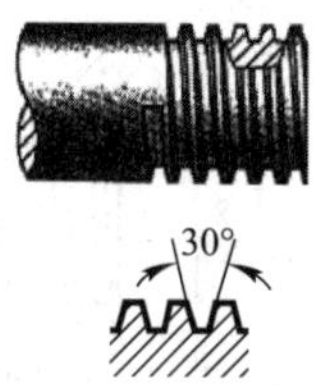</td><td>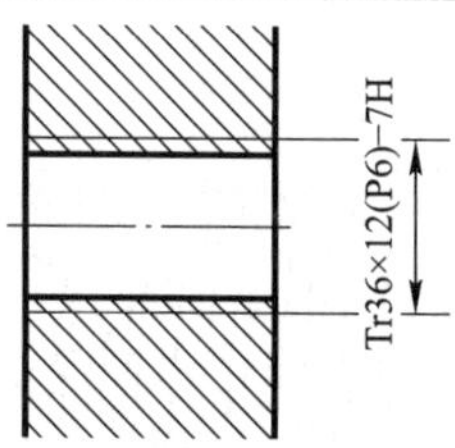</td><td>梯形螺纹公称直径 36，双线螺纹，导程 12，螺距 6，右旋，中径公差带为 7 H，中等旋合长度</td></tr>
</table>

（2）直径

螺纹直径有大径（外螺纹的基本大径（公称直径）用 d 表示，内螺纹的基本大径（公称直径）用 D 表示）、中径（外螺纹的基本中径用 d_2 表示，内螺纹的基本中径用 D_2 表示）

和小径之分（外螺纹的基本小径用 d_1 表示，内螺纹的基本小径用 D_1 表示），如图 5-2 所示。外螺纹的大径和内螺纹的小径也称为顶径。

螺纹的公称直径为大径（管螺纹直径的大小用尺寸代号表示）。

（3）线数 n

螺纹有单线和多线之分。沿一条螺旋线所形成的螺纹，称为单线螺纹，如图 5-3（a）所示；沿两条或两条以上在轴向等距分布的螺旋线所形成的螺纹，称为多线螺纹，如图 5-3（b）所示。

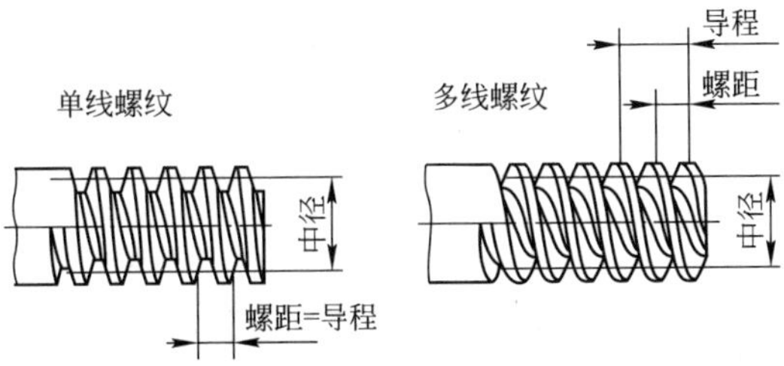

(a) 单线螺纹　(b) 多线螺纹

图 5-3　螺距与导程

（4）螺距 P 与导程 S

螺距是指相邻两牙在中径线上对应两点间的轴向距离。导程是指在同一条螺旋线上的相邻两牙在中径线上对应点的轴向距离，如图 5-3 所示。

螺距、导程、线数的关系是：螺距 P = 导程 $S/$ 线数 n。

单线螺纹：螺距 P = 导程 S。

（5）旋向

螺纹分左旋和右旋两种。顺时针旋转时旋入的螺纹为右旋螺纹，逆时针旋转时旋入的螺纹为左旋螺纹。

旋向可按下列方法判定：

将外螺纹轴线垂直放置，螺纹的可见部分右高左低者为右旋螺纹；左高右低的都为左旋螺纹，如图 5-4 所示。

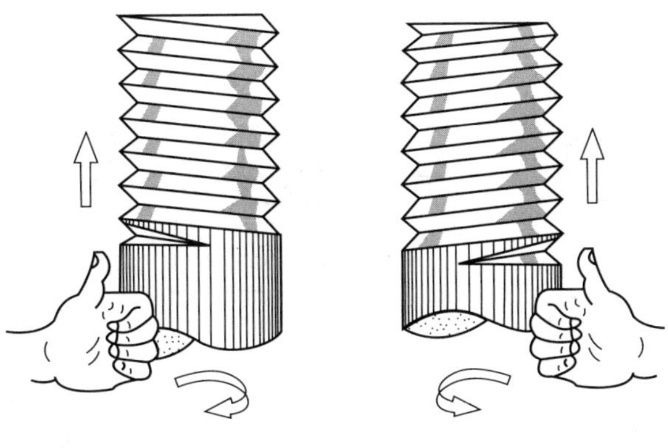

(a) 左旋螺纹　(b) 右旋螺纹

图 5-4　螺纹的旋向

螺纹要素的含义是：牙型是选择刀具几何形状的依据；外径表示螺纹制在多大的圆柱表面上，内径决定切削深度；螺距或导程供调配机床齿轮之用；线数确定分不分度；旋向则确定走刀方向。

凡是牙型、直径和螺距符合标准的螺纹，称为标准螺纹。牙型符合标准，而直径或螺距不符合标准的，称为特殊螺纹。牙型不符合标准的，称为非标准螺纹。

3. 螺纹的标定画法

(1) 外螺纹的画法

如图 5-5（a）所示，外螺纹的牙顶圆的投影用粗实线表示，牙底圆的投影用细实线表示（通常其直径按牙顶圆直径的 0.85 倍绘制），螺杆的倒角或倒圆部分也应画出。在垂直于螺纹轴线的投影面的视图中，表示牙底圆的细实线只画约 3/4 圈。螺杆的倒角投影不应画出。

螺纹长度终止线，简称“螺纹终止线”，用粗实线表示。在剖视图中则按如图 5-5（b）所示的画法绘制。

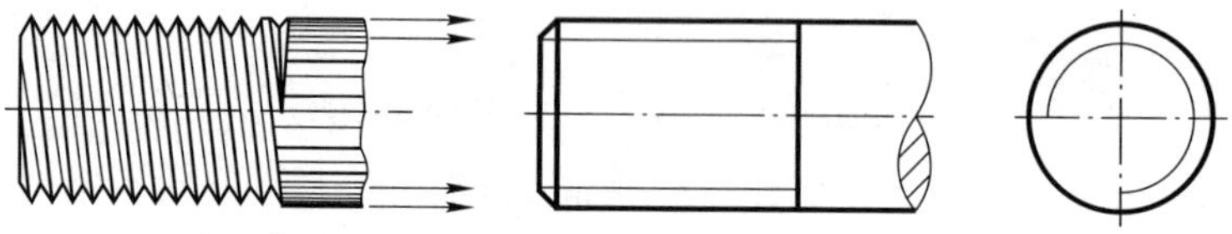

(a) 外螺纹的画法

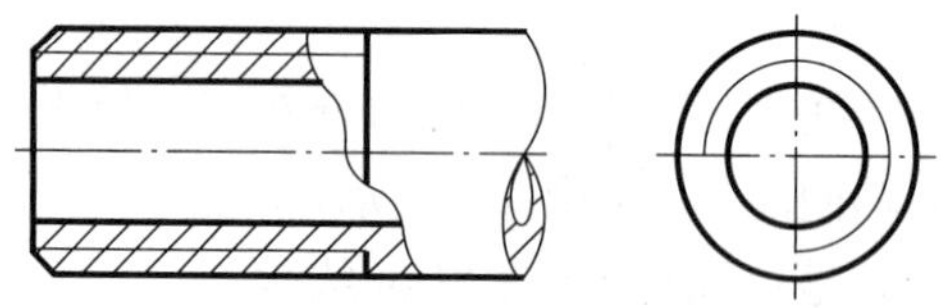

(b) 外螺纹的剖视画法

图 5-5　外螺纹的规定画法

(2) 内螺纹的画法

如图 5-6（b）所示，在剖视图中，内螺纹牙顶圆的投影用粗实线表示，牙底圆的投影用细实线表示，螺纹终止线由粗实线绘制，剖面线应画到表示小径的粗实线。在垂直于螺纹轴线的投影面的视图上，表示大径的细实线圆只画约 3/4 圈，表示倒角的投影不应画出。

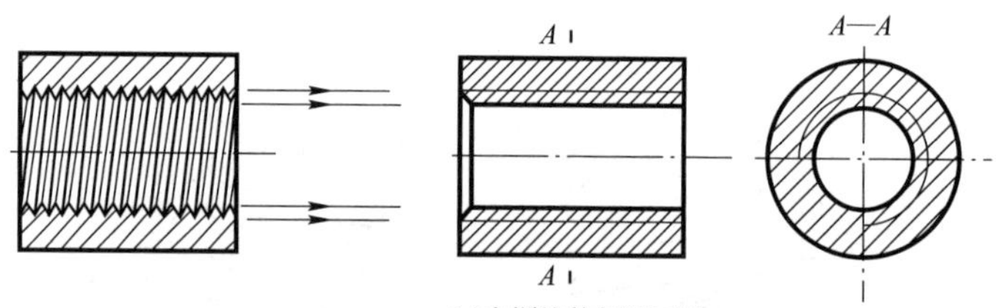

(a)内螺纹的剖视画法

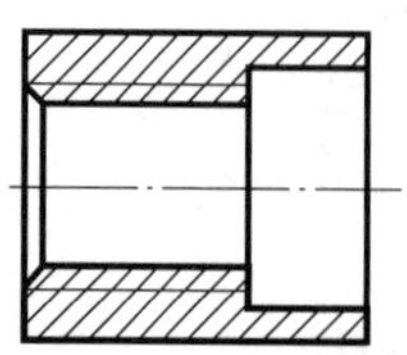

(b) 带孔的内螺纹剖视画法

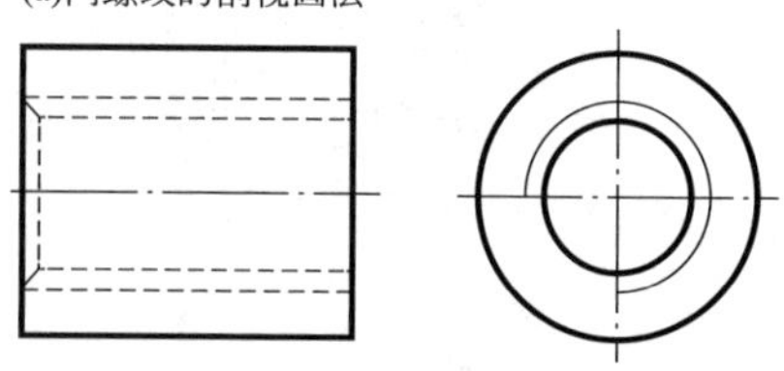

(c) 内螺纹的不剖画法

图 5-6　内螺纹的规定画法

当内螺纹不可见时，螺纹的所有图线均用细虚线绘制，如图 5-6（c）中所示。

绘制不通螺孔螺纹时，钻孔深度和螺孔深度应分别画出，底部的锥顶角画成 120°，如图5-7所示。

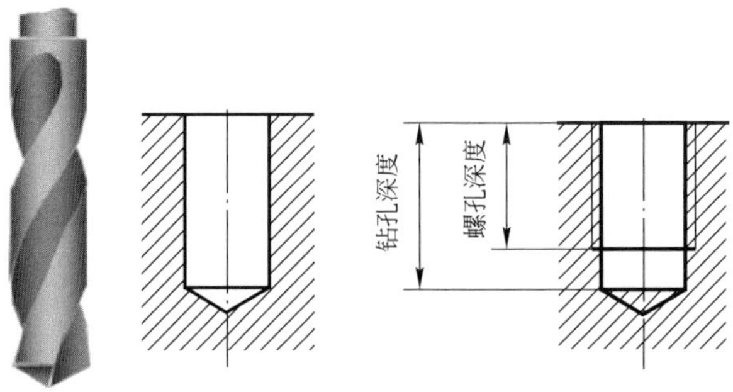

(a) 钻头　(b) 孔　(c) 不通螺孔

图 5-7　不穿通的螺孔画法

（3）螺纹连接的画法

在剖视图中，内外螺纹旋合的部分应按外螺纹的画法绘制，其余部分仍按各自的画法表示。应注意，表示内、外螺纹大径的细实线和粗实线，以及表示内、外螺纹小径的粗实线和细实线必须分别对齐。螺尾的规定画法，如图 5-8 所示。

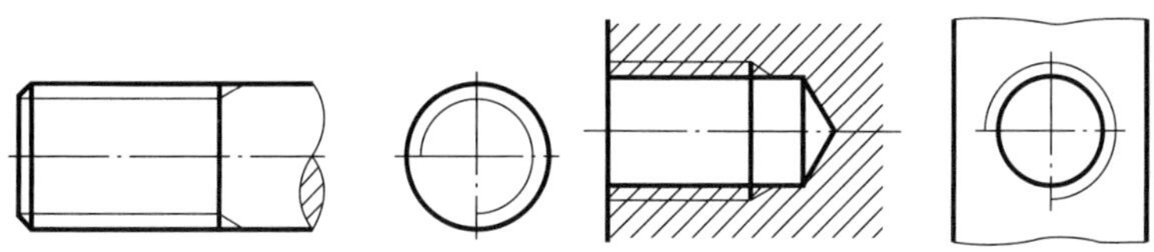

(a)　(b)

图 5-8　螺尾的规定画法

螺纹相贯线的画法，如图 5-9 所示。

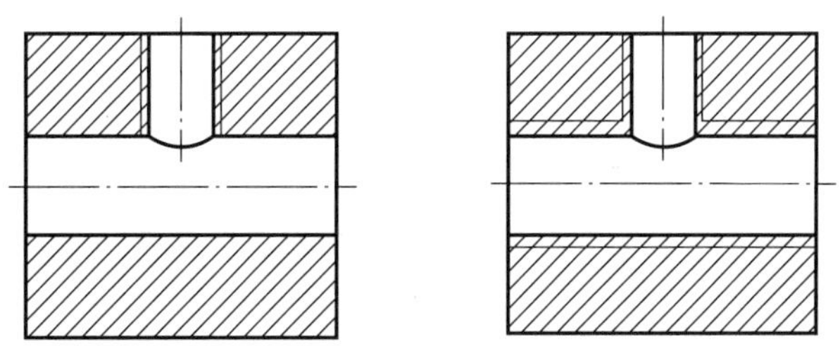

(a) 螺纹孔与通孔相交　(b) 螺纹孔与螺纹孔相交

图 5-9　螺纹相贯线的画法

4. 常用螺纹的分类和标注

（1）螺纹的分类

螺纹的分类方法很多，一般按用途分为连接螺纹与传动螺纹两大类。按螺纹的牙型分为三角形、梯形、锯齿形和矩形等。三角形螺纹主要分为粗牙普通螺纹、细牙普通螺纹和管螺纹。表 5-1 列举了常用螺纹的分类和标注示例。

（2）螺纹的标注

由于各种标准螺纹的规定画法都是一致的，所以为了区别螺纹的种类和要素，必须按国家标准所规定的标记在螺纹图样上进行标注。

① 普通螺纹标记的格式。

普通螺纹的标记格式为：螺纹代号公称直径×导程（*P* 螺距）旋向—中径顶径公差代号—旋合长度代号。

普通螺纹的螺纹代号用牙型代号“M”表示；粗牙普通螺纹不必标注螺距；右旋螺纹不必标注旋向，左旋的应标注“LH”；中径和顶径公差带代号相同时，只需注出一个公差带代号；旋合长度分为短（S）、中等（N）、长（L）3 组，中等旋合长度可不必注出。

② 管螺纹的标注。

管螺纹的标记应用引出线（细实线）由螺纹大径引出标注，具体标记格式为：螺纹特征代号、尺寸代号、公差等级、旋向。

螺纹特征代号用 G 表示。

尺寸代号：管螺纹尺寸代号为管子的通径，而不是螺纹的大径，用 1/2，3/4，1，… 表示。

公差等级代号：55°非密封管螺纹的外螺纹公差等级代号有 A、B 两种，而其内螺纹及 55°密封管螺纹只有一种公差等级，故不必标注。

旋向：左旋标注“LH”，右旋省略不注。

标注示例：G1/2、G3/4、$R_C\frac{1}{2}$。

③ 梯形螺纹的标注。

梯形螺纹的标记格式为：螺纹特征代号公称直径×导程（*P* 螺距）旋向—公差带代号—旋合长度代号。

梯形螺纹为右旋可不标注，若为左旋，用“LH”来注明。单线梯形螺纹用“尺寸规格×螺距”来表示，多线梯形螺纹用“尺寸规格×导程（*P* 螺纹）”来表示。梯形螺纹公差带代号只标注中径公差带代号。旋合长度代号分为中等（N）、长（L）两组，中等旋合长度可不必注出。

三、任务实施

已知图 5-10（a）和图 5-10（b），且外螺纹放入长度为 25 mm，完成图 5-10（c）的螺纹连接。

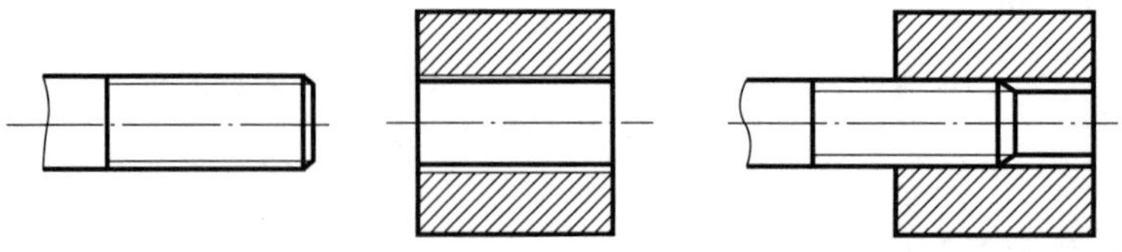

(a)　　(b)　　(c)

图 5-10　螺纹连接的画法

任务二　螺纹紧固件及其连接画法

在机器设备上，常用的螺纹紧固件有螺栓、双头螺柱、螺钉、螺母和垫圈等，如图5-11所示。它们都属于标准件，由专门的工厂成批生产。在一般情况下，不需要单独画零件图，只需按规定进行标记，根据标记就可以从相应的国家标准中查到它们的结构型式和尺寸数据。

一、任务导入

掌握螺纹装配画法。

二、知识链接

1. 常用螺纹紧固件的种类

螺纹的最常见用途是制成螺纹紧固件使用。

图5-11　常用螺纹紧固件

2. 螺纹紧固件的规定标注

常用螺纹坚固件及其标记，见表5-2。

表5-2　常用螺纹紧固件标记示例

名称	轴测图	画法及规格尺寸	标记示例
六角头螺栓	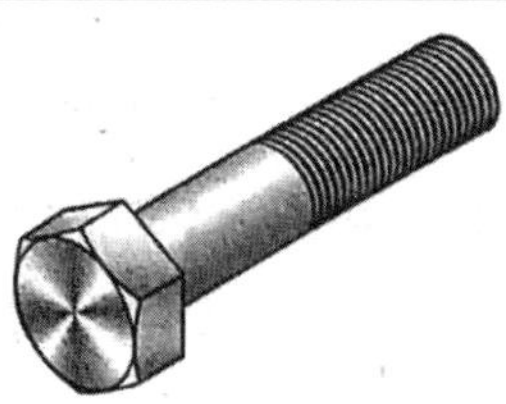	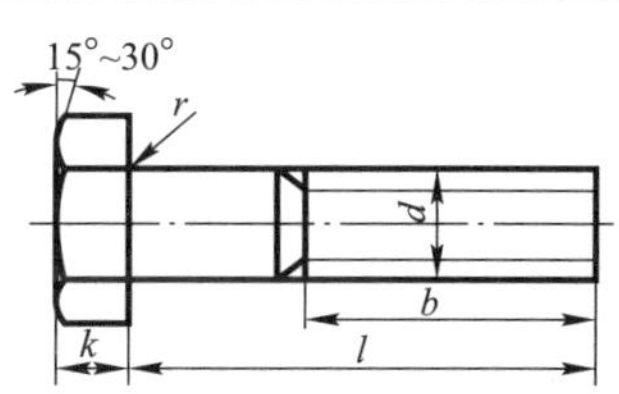	螺纹规格为M12、公称长度 l=80 mm、性能等级为4.8级、表面不经处理、产品等级为C级的六角头螺栓的标记： 螺栓　GB/T　5780　M12×80

续表

名称	轴测图	画法及规格尺寸	标记示例
双头螺柱		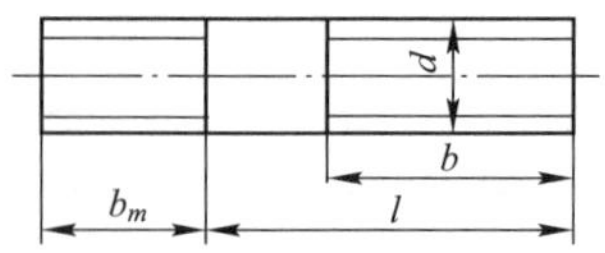	两端均为粗牙普通螺纹，d=10 mm、l=50 mm、性能等级为4.8级、不经表面处理、B型、b_m = 1.5d的双头螺柱的标记： 螺柱　GB　899　M10×50
六角螺母		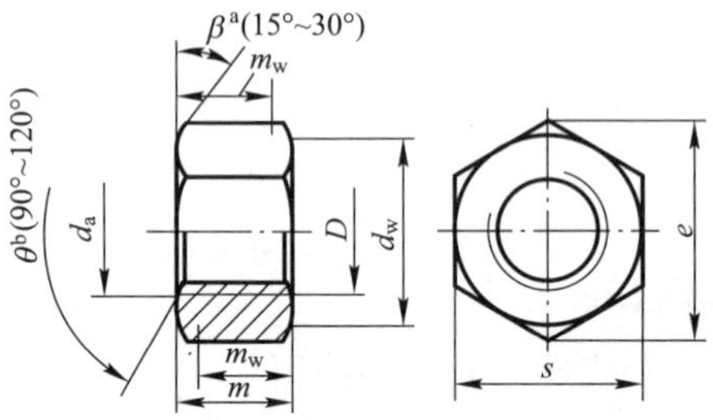	螺纹规格为M12、性能等级为5级、表面不经处理、产品等级为C级的Ⅰ型六角螺母的标记： 螺母　GB/T 41　M12
平垫圈	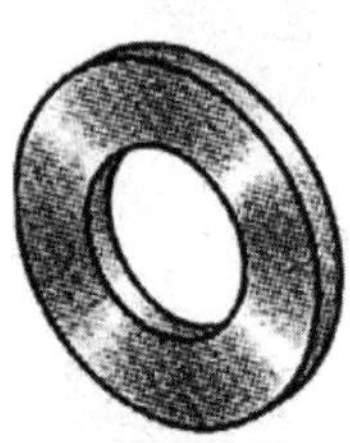	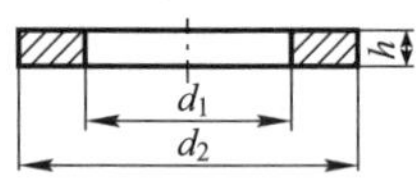	标准系列、公称规格为8 mm、硬度等级为100HV级、不经表面处理、产品等级为C级的平垫圈的标记： 垫圈　GB/T 95　8
开槽沉头螺钉		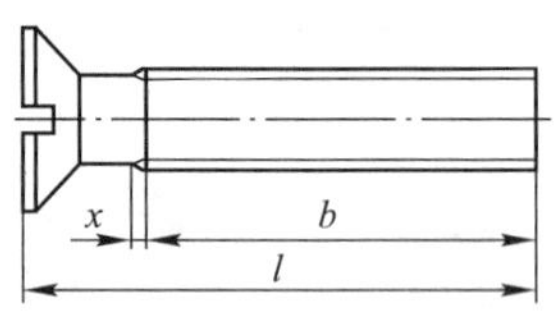	螺纹规格为M5、公称长度l= 20 mm、性能等级为4.8级、表面不经处理的A级开槽沉头螺钉的标注： 螺钉　GB/T　68　M5×20

3. 螺栓连接的画法

螺栓连接是将螺栓的杆身穿过两个被连接零件上的通孔，套上垫圈，再用螺母拧紧，使两个零件连接在一起的一种连接方式，如图5-12（a）所示。

为提高绘图速度，对连接件的各个尺寸，可不按相应的标准数值绘制，而是采用近似画法。采用近似画法时，除螺栓长度按 $l_{计} \approx l_1+l_2+1.35d$ 计算后，再查表取标准值外，其他各部分都应与螺栓直径成一定的比例来绘制。螺栓、螺母、垫圈的各部尺寸比例关系，如图5-12（b）所示。

绘图时必须遵守下列基本规定。

① 在装配图中，当剖切平面通过螺栓、螺柱、螺钉、螺母及垫圈等标准件的轴线时，应按未剖切绘制，即只画外形。

② 螺栓连接尽量采用简化画法，六角头螺栓和六角螺母的头部曲线可省略不画。螺纹

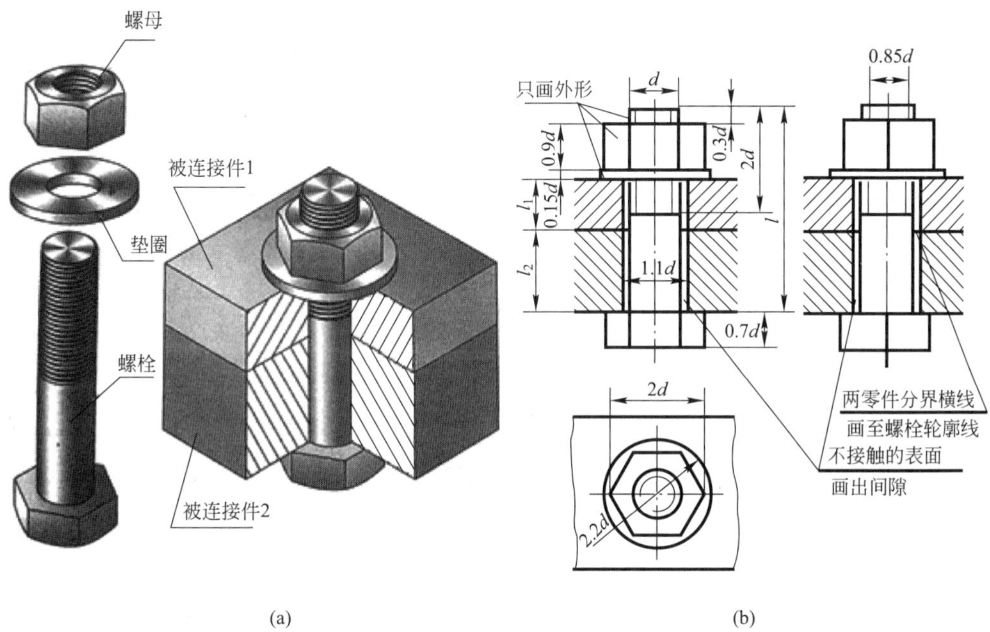

图 5-12　螺栓连接的近似画法

紧固件上的工艺结构，如倒角、退刀槽、缩颈、凸肩等均省略不画。

③ 两个零件接触面处只画一条粗实线，不得将轮廓线加粗。凡不接触的表面，不论间隙多小，在图上应画出间隙。

④ 在剖视图中，相互接触的两个零件其剖面线方向应相反。而同一个零件在各个剖视图中，剖面线的倾斜方向和间隔应相同。

4. 螺柱、螺钉连接画法简介

(1) 螺柱连接

双头螺柱多用在被连接件之一较厚，不便使用螺栓连接的地方。这是在机体上加工出不通的螺孔，而另一端穿过被连接零件的通孔，放上垫圈后再拧紧螺母的一种连接方式，其连接画法如图 5-13 所示。

绘制螺柱连接时应注意以下两点。

① 螺柱旋入端的螺纹长度终止线与两个被连接件的接触面应画成一条线。

② 螺孔可采用简化画法，即仅按螺孔深度画出，而不画钻孔深度。

(2) 螺钉连接

螺钉连接用在受力不大和不经常拆卸的地方。这种连接是在较厚的机件上加工出螺孔，而另一被连接件上加工成通孔，用螺钉穿过通孔拧入螺孔，从而达到连接的目的。

螺钉头部的一字槽可画成一条线宽约 $2d$ 的实线，俯视图中画成与水平线成 45°、自左下向右上的斜线；螺孔可不画出钻孔深度，仅按螺纹深度画出，如图 5-13 所示。

螺纹紧固件采用弹簧垫圈时，其弹簧垫圈的开口方向应向左倾斜（与水平线成 75°），用一条线宽约 $2d$ 的实线表示。

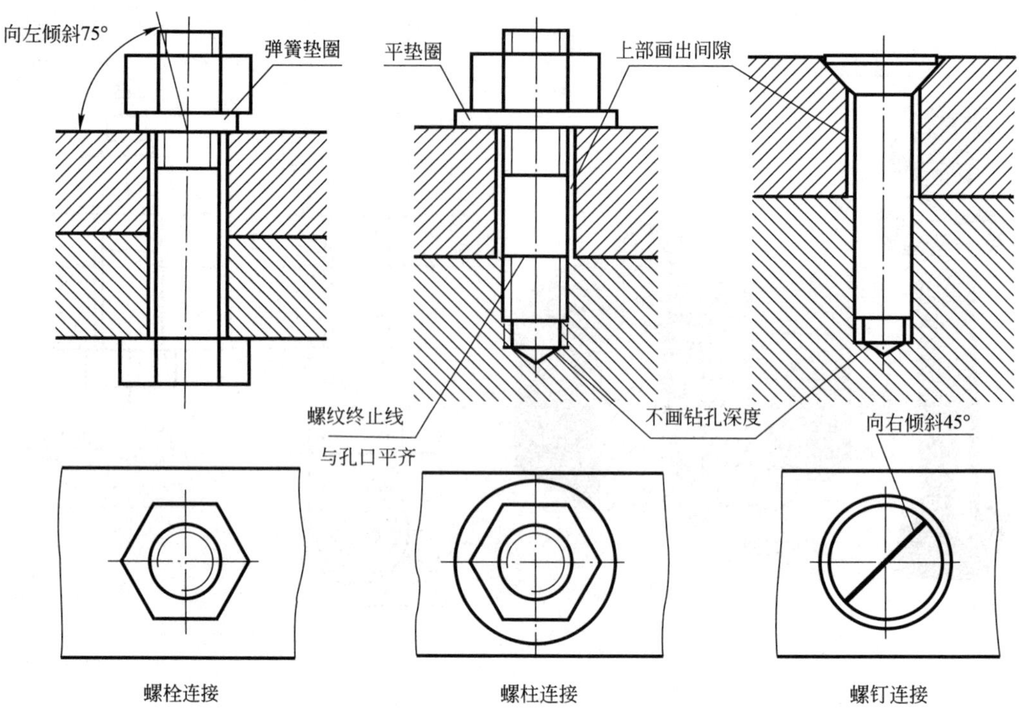

图 5-13　螺纹紧固件的简化画法

三、任务实施

图 5-14 为 M12×65 螺栓连接，请将错误改正并用比例法画出正确的连接图。

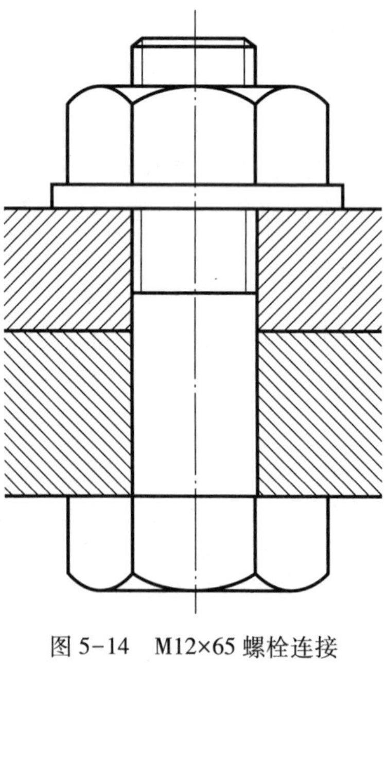

图 5-14　M12×65 螺栓连接

至此，任务完成。

【知识拓展】

一、齿轮

齿轮是广泛用于机器或部件中的传动零件，它不仅可以用来传递动力，而且可以用来改变机件的回转方向和转动速度。如图 5-15 所示为 3 种常见的齿轮传动形式：圆柱齿轮通常用于平行两轴之间的传动，如图 5-15（a）所示，锥齿轮用于相交两轴之间的传动，如图 5-15（b）所示，蜗杆与涡轮则用于交错两轴之间的传动，如图 5-15（c）所示。

1. 直齿圆柱齿轮的几何要素及尺寸关系

直齿圆柱齿轮的几何要素及尺寸关系如图 5-16 所示。

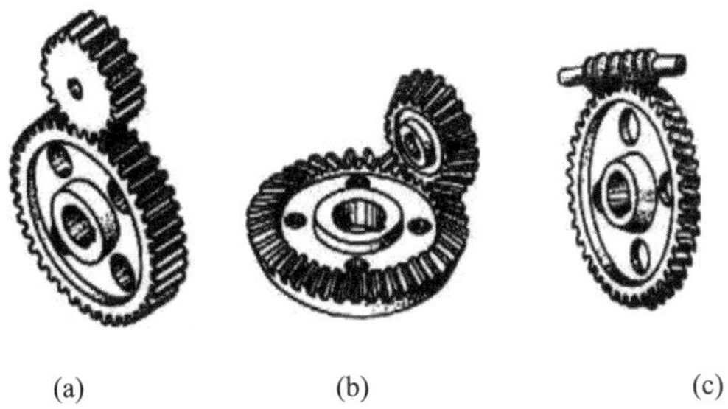

图 5-15　常见的齿轮传动

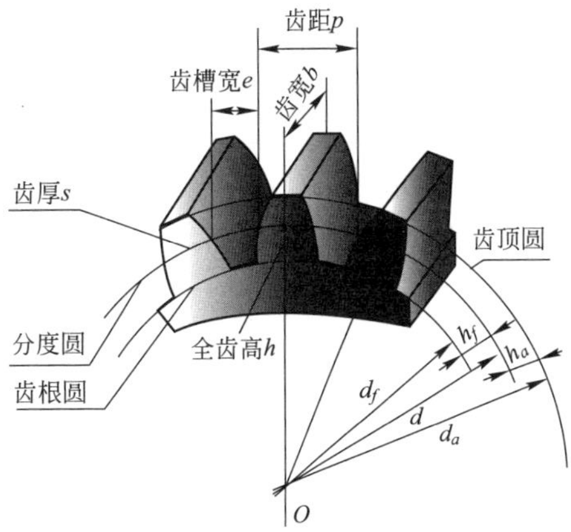

图 5-16　齿轮各部分的名称及代号

① 齿顶圆直径（d_a）：通过轮齿顶部的圆的直径。

② 齿根圆直径（d_f）：通过轮齿根部的圆的直径。

③ 分度圆直径（d）：分度圆是一个约定的假想圆，齿轮的轮齿尺寸均在此圆上确定，该圆上的齿厚 s 与槽宽 e 相等。

④ 齿顶高（h_a）：齿顶圆与分度圆之间的径向距离。

⑤ 齿根高（h_f）：齿根圆与分度圆之间的径向距离。

⑥ 齿高（h）：齿顶圆与齿根圆之间的径向距离。

⑦ 齿厚（s）：一个齿的两侧齿廓之间的分度圆弧长。

⑧ 齿槽宽（e）：一个齿槽的两侧齿廓之间的分度圆弧长。

⑨ 齿距（p）：相邻两齿的同侧齿廓之间的分度圆弧长。

⑩ 齿宽（b）：齿轮轮齿的轴向宽度。

⑪ 齿数（z）：一个齿轮的轮齿总数。

齿轮的齿数 z、齿距 p 和分度圆直径 d 之间有以下关系：

$\pi d=zp$　　即 $d=zp/\pi$，令 $p/\pi=m$，则 $d=mz$。

m 称为齿轮的模数，是齿距除以圆周率 π 所得的商，或分度圆直径除以齿数所得的商。

因为两啮合齿轮的齿距 p 必须相等，所以啮合两齿轮的模数也必须相等。

模数 m 是设计、制造齿轮的重要参数。模数大，齿距 p 也大，齿厚 s、齿高 h 也随之增大，因而齿轮的承载能力增大。

为了便于齿轮的设计和制造，模数已经标准化，我国规定的标准模数值见表 5-3。

⑬ 齿形角（α）：齿廓曲线和分度圆交点处的径向与齿廓在该点处的切线所夹的锐角。

表 5-3　模数 m　　单位：mm

系列	
Ⅰ	Ⅱ
1	
	1. 125
1. 25	
	1. 375
1. 5	
	1. 75
2	
	2. 25
2. 5	
	2. 75
3	
	3. 5
4	
	4. 5
5	
	5. 5
6	
	(6. 5)
	7
8	
	9
10	
	11
12	
	14
16	
	18
20	
	22
25	
	28
32	
	36
40	
	45
50	

注：选用模数时，应优先采用第Ⅰ系列法向模数，应避免采用第Ⅱ系列中的法向模数 6. 5。

⑭ 传动比（i）：传动比为主动齿轮的转速 n_1(r/min）与从动齿轮的转速 n_2(r/min）之比，即 $i=n_1/n_2$。由 $n_1z_1=n_2z_2$ 可得：$i=n_1/n_2=z_2/z_1$。

⑮ 中心距（a）：两圆柱齿轮轴线之间的最短距离称为中心距，即：

$$a=\frac{(d_1+d_2)}{2}=m\frac{(z_1+z_2)}{2}$$

2. 直齿圆柱齿轮几何要素的尺寸计算

标准直齿圆柱齿轮各几何要素尺寸的计算公式见表 5-4。

从表 5-4 可知，已知齿轮的模数 m 和齿数 z，按表中所列公式可以计算出各几何要素的尺寸，画出齿轮的图形。

表 5-4　标准直齿圆柱齿轮各几何要素的尺寸计算

名称	代号	计算公式
齿顶高	h_a	$h_a=m$
齿根高	h_f	$h_f=1.25$ m
齿高	h	$h=2.25$ m
分度圆直径	d	$d=mz$
齿顶圆直径	d_a	$d_a=m$（z+2）
齿根圆直径	d_f	$d_f=m$（z−2.5）
齿距	p	$p=\pi m$
标准中心距	a	$a=m$（z_1+z_2）/2

3. 圆柱齿轮的画法规定

（1）单个圆柱齿轮

根据 GB/T 4459.2—2003 规定的齿轮画法，齿顶圆和齿顶线用粗实线绘制，分度圆和分度线用细点画线绘制，齿根圆和齿根线用粗实线绘制（也可省略不画），如图 5-17（a）所示；在剖视图中，当剖切平面通过齿轮的轴线时，轮齿一律按不剖处理，齿根线画成粗实线，如图 5-17（b）所示。当需要表示斜齿或人字齿的齿线形状时，可用 3 条与齿线方向一致的细实线表示，如图 5-17（c）所示。

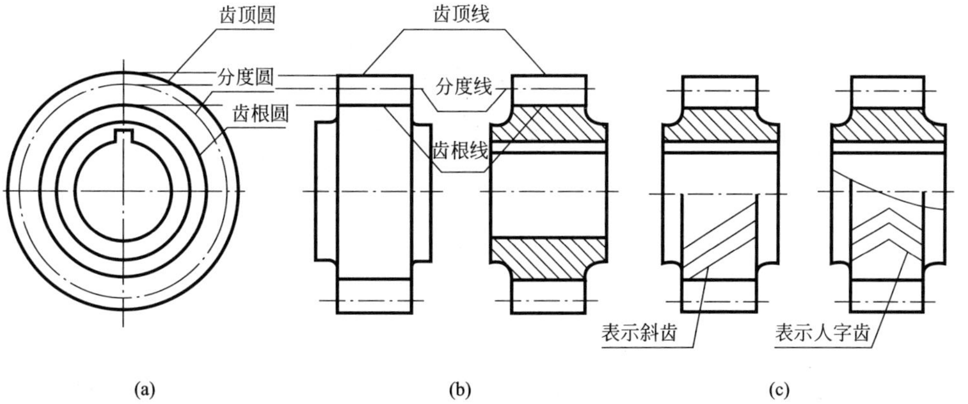

图 5-17　圆柱齿轮的画法

（2）啮合的圆柱齿轮

在垂直于圆柱齿轮轴线的投影面上的视图中，啮合区内齿顶圆均用粗实线绘制，如图5-18（a)所示的左视图，或按省略画法绘制，如图5-18（b）所示。在剖视图中，当剖切平面通过两啮合齿轮轴线时，在啮合区内，将一个齿轮的轮齿用粗实线绘制，另一个齿轮的轮齿被遮挡的部分用细虚线绘制，如图5-18（a）所示的主视图，被遮挡的部分也可以省略不画。在平行于圆柱齿轮轴线的投影面的外形视图中，啮合区不画齿顶线，只用粗实线画出节线（当一对圆柱齿轮保持标准中心距啮合时，节线是指两分度圆柱面的切线），如图5-18（c)所示。

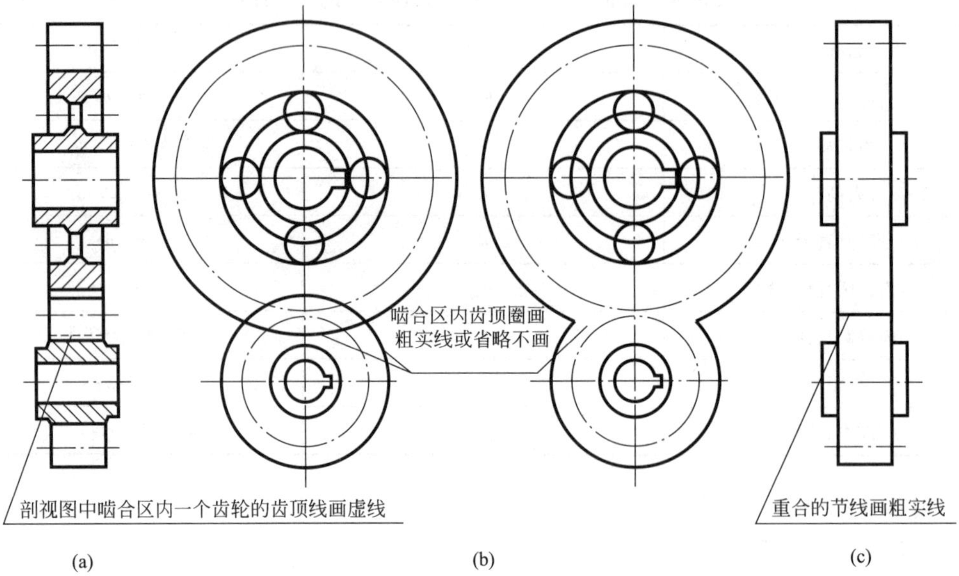

图5-18　圆柱齿轮啮合的画法

如图5-19所示，在齿轮啮合的剖视图中，由于齿根高与齿顶高相差0.25 m，因此，一个齿轮的齿顶线和另一个齿轮的齿根线之间应有0.25 m的顶隙。

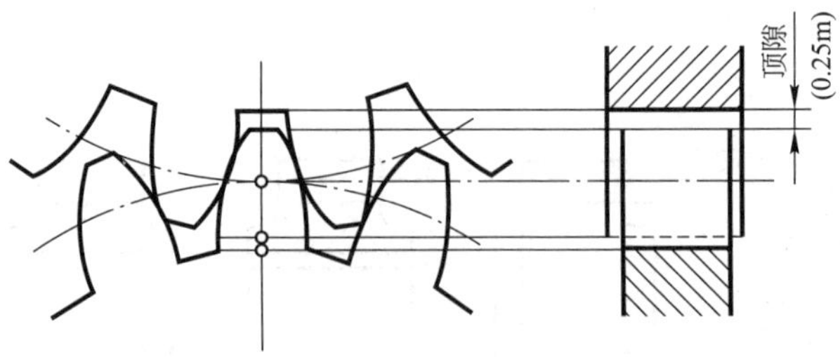

图5-19　啮合齿轮间的顶隙

二、键和销

键和销是用来联系轴和轴上的传动件的标准零件，并通过它来传递转矩，在机械传动中得到了广泛应用。

键连接是一种可拆卸连接，常用于连接轴和轴上的传动件，使之不产生相对转动，并传递扭矩和运动，它们的应用示例如图 5-20 所示。

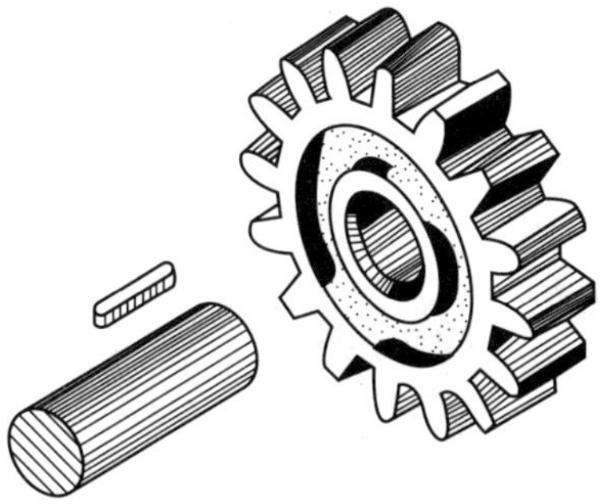

图 5-20　键连接

键是标准件，常用键的种类、标记见表 5-5。常见的有平键、半圆键、楔键和花键，如图 5-21 所示。键是标准件，一般不画出零件图，根据连接处的轴径 d，可在标准中查阅相应的结构、尺寸和标记，但要画出轴以及轴上零件与键配合的键槽。

表 5-5　常用键的种类及标记示例　　单位：mm

标准名称	图例	标记
普通型　平键 	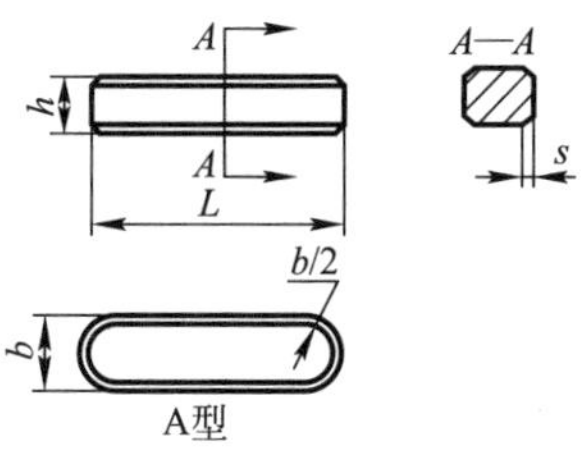	键 $b\times h\times L$ GB/T 1096—2003
普通型　半圆键 	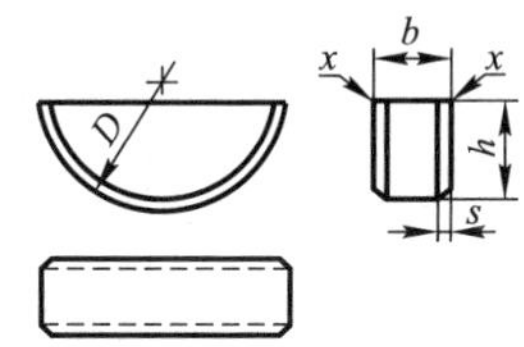 注：$x\leqslant s_{max}$	键 $b\times h\times D$ GB/T 1099. 1—2003
钩头型　楔键 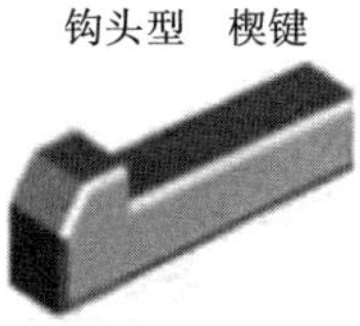	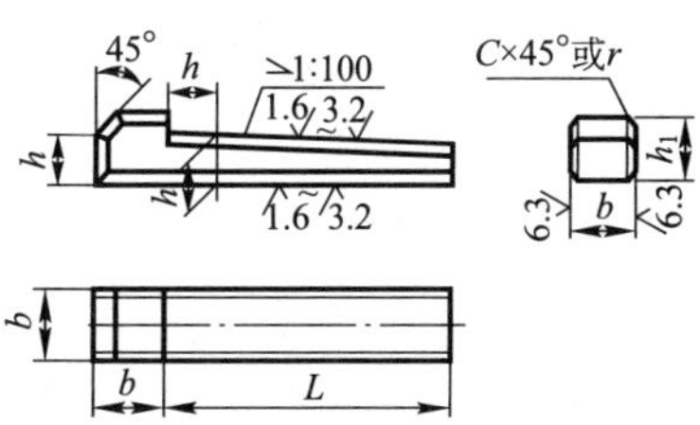	键 $b\times L$ GB/T 1565—2003

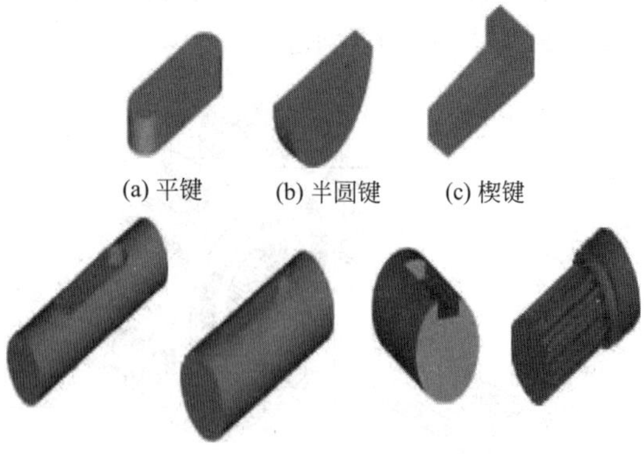

(a) 平键　(b) 半圆键　(c) 楔键

(d) 平键轴　(e) 半圆键轴　(f) 楔键轴　(g) 花键

图 5-21　键的种类

1. 平键

(1) 普通平键的标记

例如：GB/T 1096　键 16×10×100。

表示普通 A 型平键，$b=16$ mm，$h=10$ mm，$L=100$ mm，型号 A 可省略不注。

例如：GB/T 1096　键 B16×10×100。

表示普通 B 型平键，$b=16$ mm，$h=10$ mm，$L=100$ mm。

例如：GB/T 1096　键 C16×10×100。

表示普通 C 型平键，$b=16$ mm，$h=10$ mm，$L=100$ mm。

(2) 键槽的画法

轴和轮毂上的键槽尺寸都可根据轴直径 d 查表确定，轴上键槽长度与键的长度相同，轮毂上键槽长度应大于或等于键的长度，其画法如图 5-22 所示。

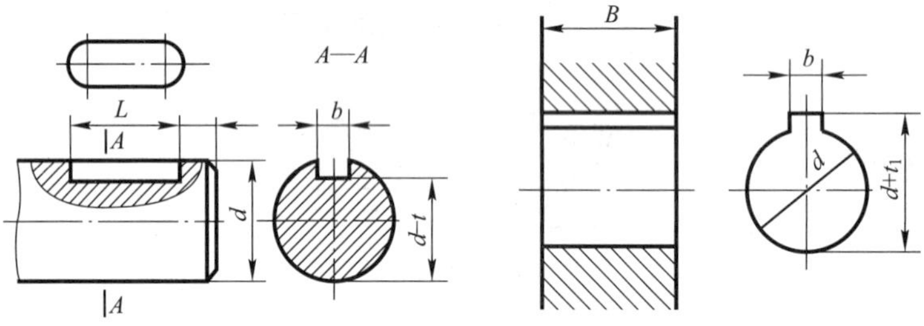

(a) 轴上键槽的画法　(b) 轮毂上键槽的画法

图 5-22　键槽的画法

(3) 普通平键的连接画法

当剖切面通过键的对称面时，键按不剖绘制。

平键的两个侧面为工作面，均画一条线，键的底面与轴的键槽底面接触，也只画一条线；键的顶面与轮毂的键槽底面有间隙，画两条线，由于间隙较小，可适当夸大画出。键的倒角或圆角可省略不画，如图 5-23 所示。

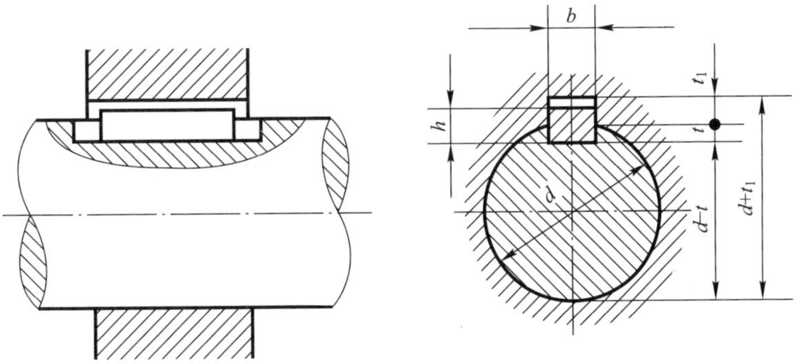

图 5-23　普通平键的连接画法

2. 半圆键的连接画法

半圆键的连接画法与普通平键的画法相同，如图 5-24 所示。

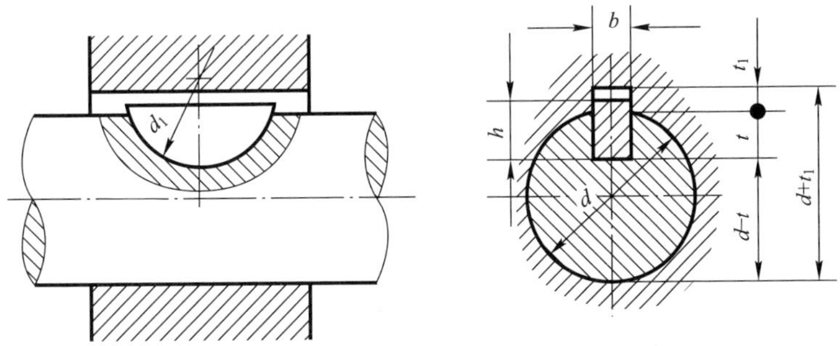

图 5-24　半圆键的连接画法

3. 楔键的连接画法

楔键的顶面为 1∶100 的斜度，其工作面为顶面和底面，故顶面、底面均不留间隙，都只画一条线，如图 5-25 所示。

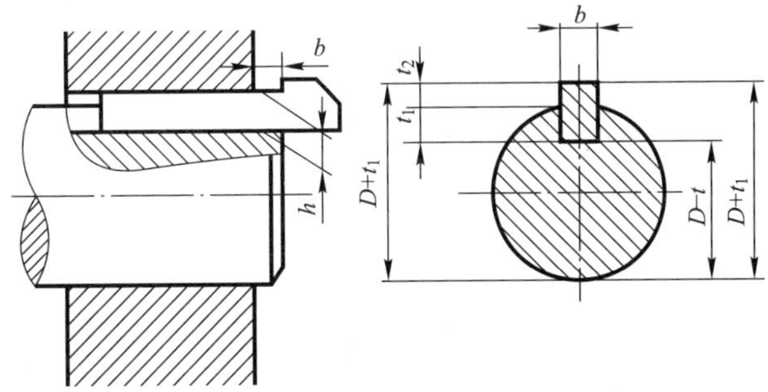

图 5-25　楔键的连接画法

4. 花键的画法

花键有矩形和渐开线形，最为常用的是矩形花键。本节只介绍矩形花键及其连接的画法。

（1）外花键的画法及其标记

外花键的画法及其标记，如图 5-26 所示。

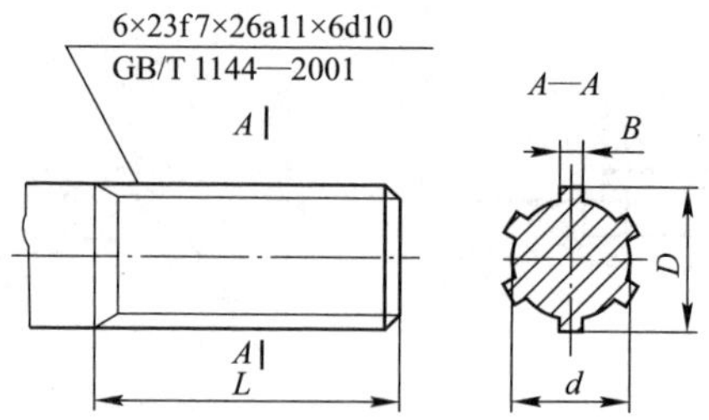

图 5-26　外花键的画法

在平行于轴线的视图中，外花键的大径用粗实线绘制，小径用细实线绘制。外花键工作长度的终止端和键尾长度的末端均用细实线绘制，并与轴线垂直，尾部画出细斜线，其倾斜角度一般与轴线成 30°，必要时可按实际情况画出。

在断面图中画出部分或全部齿形。

外花键的标记方法有两种：在图样中注出齿数（*N*）、大径（*D*）、小径（*d*）和键宽（*B*）；从大径引出线注出花键代号，代号形式为"*N*×*d*×*D*×*B*"，并可标注公差。

（2）花键孔的画法及其标记

花键孔的画法及其标记如图 5-27 所示。

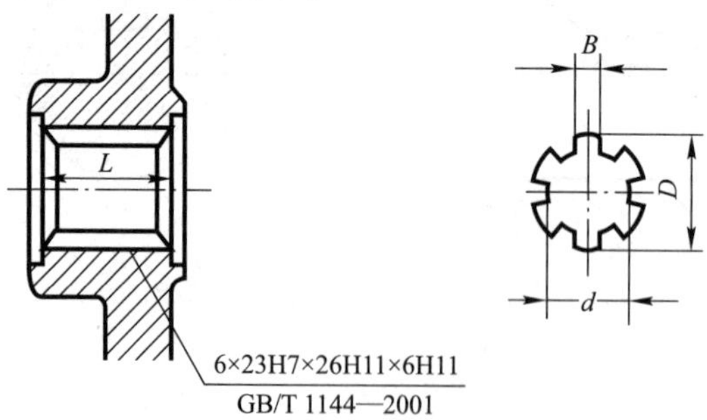

图 5-27　花键孔的画法

在平行于轴线的剖视图中，大径和小径均用粗实线绘制。

在局部视图中画出部分或全部齿形。

花键孔的标记方法与外花键的标记方法基本相同。

（3）花键连接的画法及其标记

花键连接的画法及其标记，如图 5-28 所示。

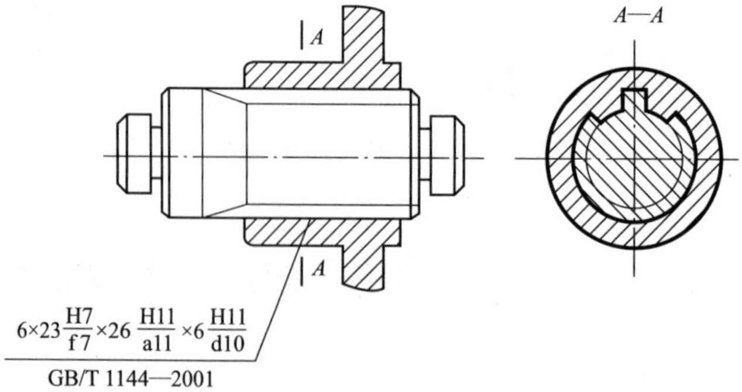

图 5-28　花键连接的画法

花键连接常用剖视图或断面图表示，其连接部分按外花键的画法绘制，非连接部分按各自的规定画法绘制。

三、销连接

销用于零件之间的定位或连接，常用的有圆柱销、圆锥销和开口销，如图 5–29 所示。

销是标准件，当剖切面通过轴线时，按不剖绘制，它们的连接画法和标记如图 5–30 所示。

(a) 圆柱销　(b) 圆锥销　(c) 开口销

图 5–29　常用的销

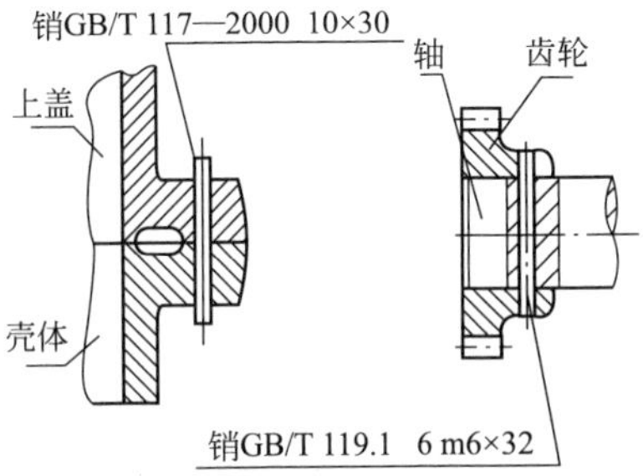

图 5–30　销的连接画法和标记

各种常用销的种类及其标记见表 5–6。

表 5–6　销的种类及其标记

名称	标准号	图例	标记示例
圆柱销	GB/T 119. 1—2000	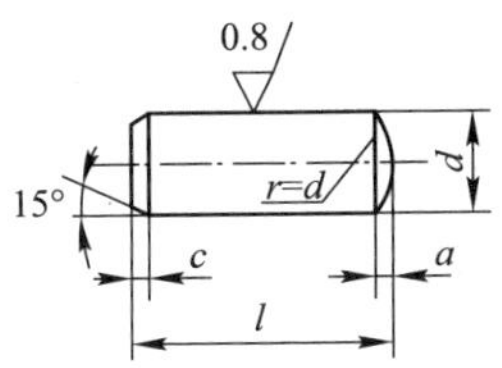	公称直径 d=8 mm、公差为 m6、公称长度 l=18 mm，材料为钢、不经淬火、不经表面处理的圆柱销的标记： 销 GB/T 119. 1　8 m6×18
圆锥销	GB/T 117—2000	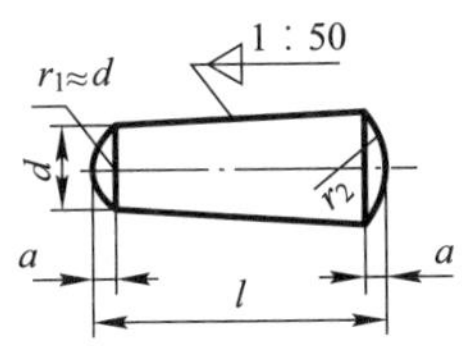	公称直径 d=10 mm、公称长度 l=60 mm，材料为 35 钢、热处理硬度为 28～38HRC、表面氧化处理的 A 型圆锥销的标记： 销 GB/T 117—2000　10×60
开口销	GB/T 91—2000	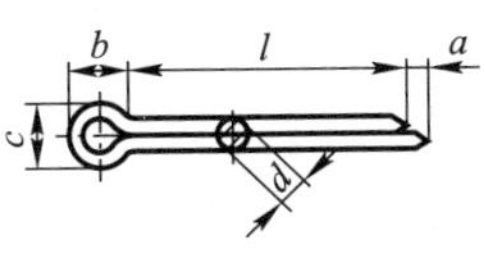	公称规格为 5 mm、公称长度 l=50 mm、材料为 Q215 或 Q235，不经表面处理的开口销的标记： 销 GB/T 91　5×50

四、弹簧

弹簧是一种用来减振、夹紧、测力和储存能量的零件，种类很多，用途广泛。这里只介绍圆柱螺旋弹簧。

根据用途不同，圆柱螺旋弹簧可分为：压缩弹簧、拉伸弹簧和扭转弹簧，如图 5–31 所示。

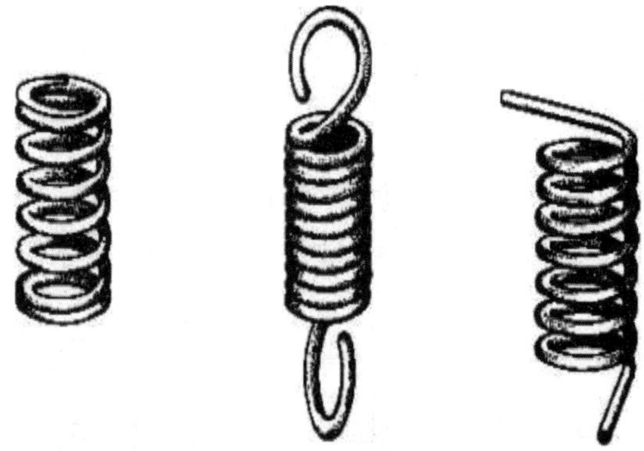

(a) 压缩弹簧　　(b) 拉伸弹簧　　(c) 扭转弹簧

图 5-31　圆柱螺旋弹簧

1. 圆柱螺旋压缩弹簧的各部分名称及尺寸计算

如图 5-32 所示，圆柱螺旋压缩弹簧的各部分名称及尺寸计算如下。

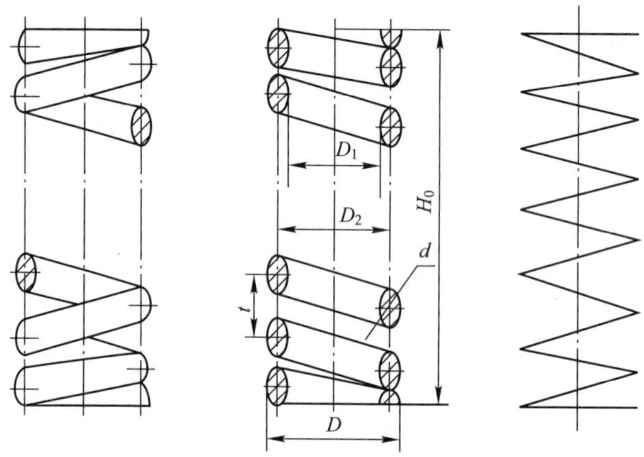

(a) 视图　　(b) 剖视图　　(c) 示意图

图 5-32　圆柱螺旋压缩弹簧的画法

（1）型材直径 d

制造弹簧所用材料的直径。

（2）弹簧直径

① 弹簧外径 D_2 和内径 D_1：分别表示弹簧的最大和最小直径，故有 $D_1=D_2-2d$。

② 弹簧中径 D：弹簧的平均直径，$D=D_2-d$。

（3）节距 t

相邻两圈在轴向对应点之间的距离。

（4）有效圈数 n、支承圈数 N_2 和总圈数 n_1

弹簧受力时，实际起作用的圈数称为有效圈数（n），为使弹簧受力均匀，增加平稳性，将弹簧两端并紧且磨平的圈数称为支承圈数（N_2）。一般 N_2 取 1.5，2 或 2.5，其中 2.5 圈使用较多。有效圈数 n 与支承圈数 N_2 之和称为总圈数 n_1，即 $n_1=n+N_2$。

（5）自由高度 H_0

弹簧在不受外力时的高度，$H_0=nt+(N_2-0.5)d$。

2. 圆柱螺旋压缩弹簧的规定画法（GB/T 4459.4—2003）

（1）单个弹簧的规定画法

圆柱螺旋弹簧的画图步骤如图 5-33 所示，规定画法如下。

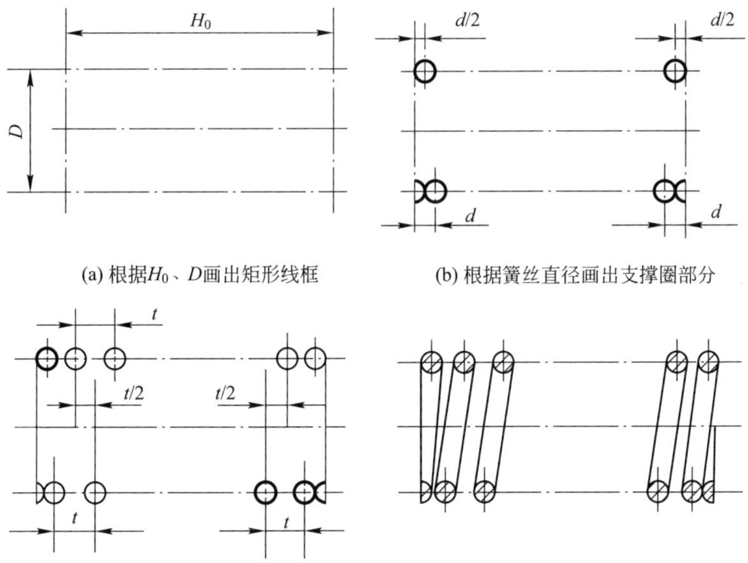

(a) 根据H_0、D画出矩形线框

(b) 根据簧丝直径画出支撑圈部分

(c) 根据节距画出有效圈数部分

(d) 按右旋方向作相应圆共切线，并画剖面线完成弹簧的剖视图

图 5-33　圆柱螺旋弹簧的画图步骤

① 圆柱螺旋弹簧在平行于轴线的投影面上的视图中，其各圈的外形轮廓应画成直线。

② 有效圈数在 4 圈以上的弹簧，允许每端只画 1～2 圈（不包括支承圈），中间各圈可省略不画，只画通过弹簧钢丝剖面中心的两条中心线。

③ 右旋弹簧或旋向不作规定的螺旋弹簧，在图中可画成右旋。对于左旋弹簧也允许画成右旋，但左旋弹簧不论画成左旋还是右旋，一律要加注旋向“左”。

④ 螺旋压缩弹簧如要求两端并紧且磨平时，无论支承圈是多少圈，均按支撑圈为2.5 圈绘制，必要时也可按支承圈的实际结构绘制。

（2）螺旋弹簧在装配图中的规定画法

在装配图中，弹簧中间各圈采取省略画法后，在弹簧后面被挡住零件的轮廓不必画出，如图 5-34 所示。当弹簧被剖切时，断面直径在图上小于或等于 2 mm 时，断面可全部涂黑，也可采用示意画法。

识读图 5-34，了解弹簧在不同的图样中的表达方法。

五、滚动轴承

轴承是用来支撑轴的，分为滑动轴承和滚动轴承两大类。滚动轴承具有摩擦阻力小、结构紧凑等优点，在机器中被广泛应用。滚动轴承种类很多，并已标准化，选用时可查阅有关标准。

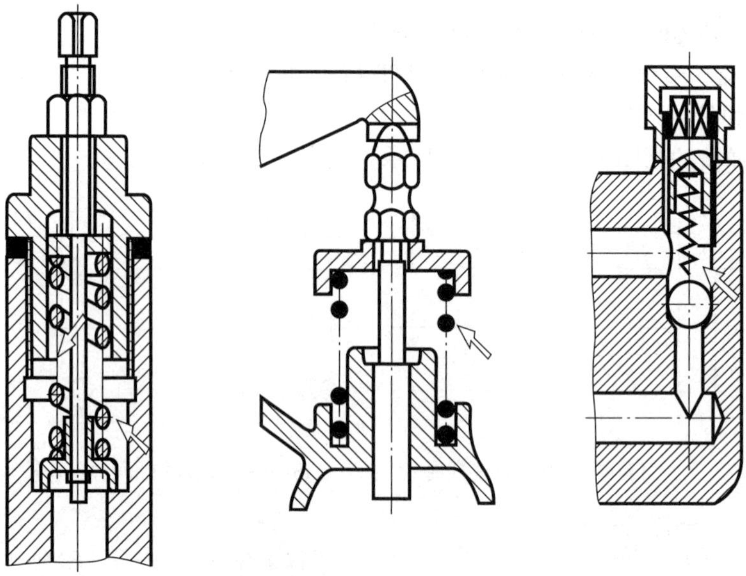

图 5-34　螺旋弹簧在装配图中的规定画法

滚动轴承是一种支撑轴转动的标准件，具有启动转矩小、启动快、摩擦阻力小、效率高、结构紧凑等优点。滚动轴承的种类很多，但其结构大体相同，一般由内圈、外圈、滚动体和保持架组成，如图 5-35 所示。内圈装在轴颈上随轴一起回转，外圈装在轴承孔中起支撑作用。也可以是外圈转动，内圈不动或内、外圈分别转动。内圈的外侧和外圈的内侧上有凹槽形滚道，用以限制滚动体的轴向位移。当内、外圈相对转动时，滚动体即在内、外圈滚道间滚动。

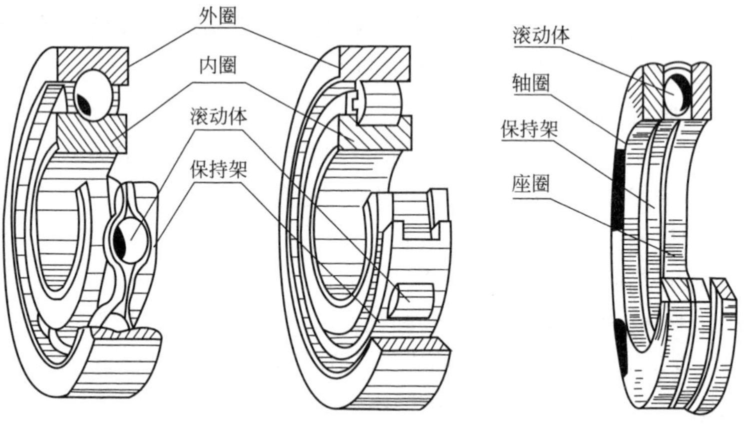

图 5-35　滚动轴承结构

1. 滚动轴承的分类

滚动轴承的分类方法很多，按其承载特性可分为 3 类。

（1）向心轴承

向心轴承主要承受径向载荷。

(2) 推力轴承

推力轴承主要承受轴向载荷。

(3) 向心推力轴承

向心推力轴承同时承受径向和轴向载荷。

2. 滚动轴承的代号和标记

(1) 代号格式

滚动轴承的标记由名称、代号和标准编号 3 部分组成，格式及示例如图 5-36 所示。

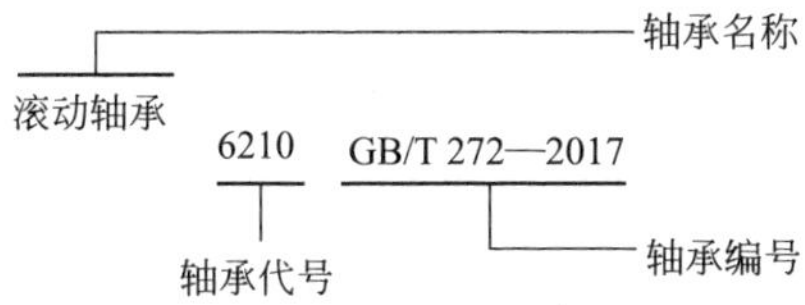

注：6：类型代号，深沟球轴承；2：尺寸系列代号；10：内径代号［$d=10\times5=50$ mm］

图 5-36　滚动轴承的代号格式

(2) 类型代号

类型代号表示轴承的基本类型，如图 5-36 中的代号 6 表示深沟球轴承。滚动轴承的类型代号见表 5-7。

表 5-7　滚动轴承类型代号

代号	轴承类型	代号	轴承类型
0	双列角按触球轴承	7	角接触球轴承
1	调心球轴承	8	推力圆柱滚子轴承
2	调心滚子轴承和推力调心滚子轴承	N	圆柱滚子轴承
3	圆锥滚子轴承		双列或多列用字母 NN 表示
4	双列深沟球轴承	U	外球面球轴承
5	推力球轴承	QJ	四点接触球轴承
6	深沟球轴承	C	长弧面滚子轴承（圆环轴承）

(3) 尺寸系列代号

尺寸系列代号由轴承的宽（高）度系列代号和直径系列代号组合而成，用两位数字表示，主要是为了区别内径相同而宽度（高度）和外径不同的轴承，如图 5-36 所示，尺寸系列代号“02”，“0”为宽度系列代号，“2”为直径系列代号，两者组合注写为“2”。

(4) 内径代号

内径代号表示轴承的公称内径，用两位阿拉伯数字表示，如图 5-36 所示，表示该轴承内径为 $10\times5=50$ (mm)，即注出内径公称直径除以 5 的商数。如商数为个位数，需在左边加 0，添足两位数，如“08”，表示内径为 40mm。

内径代号相对于不同的尺寸段有不同的表示含义，其中的 20~480 mm（22、28、32 除外）按上面的表示方法标记，其他尺寸需查表确定。

3. 滚动轴承的画法

滚动轴承是标准件，不需画出零件图。在装配图中要表示滚动轴承时，可根据其代号从有关轴承标准中查出外径、内径、宽度等尺寸，然后按 GB/T 4459. 7—2017 中规定的画法绘制。

绘制滚动轴承时应遵守以下基本规定。

（1）表示滚动轴承的各种符号、矩形线框和轮廓线均应用粗实线画出。

（2）绘制滚动轴承时矩形线框或外形轮廓的大小应与它的外形尺寸一致。

（3）在采用规定画法绘制滚动轴承的剖视图时，轴承的滚动体不画剖面线，内、外圈剖面线应画成同方向、同间隔。用通用画法或特征画法绘制剖视图时，则一律不画剖面符号（或剖面线）。

（4）采用通用画法或特征画法绘制滚动轴承时，在同一图样中一般只采用其中一种画法。

① 通用画法：在剖视图中，当不需要确切地表示滚动轴承的外形轮廓、载荷特性、结构特征时，可用矩形线框及位于线框中央正立的十字形符号表示。

② 特征画法：在剖视图中，可采用在矩形线框内画出其结构要素的方法，较形象地表示滚动轴承的结构特征。

（5）必要时，在滚动轴承的产品图样、产品样本、产品标准、用户手册及产品使用说明书中可采用规定画法。一般规定画法绘制在轴的一侧，而另一侧按通用画法绘制。

表 5-8 为几种常用的滚动轴承的规定画法及特征画法。

表 5-8　常用滚动轴承的规定画法及特征画法

轴承名称	规定画法	特征画法
深沟球轴承 GB/T 276—2013 	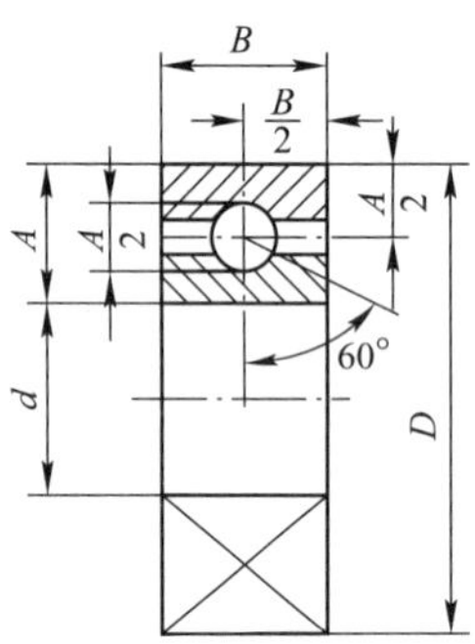	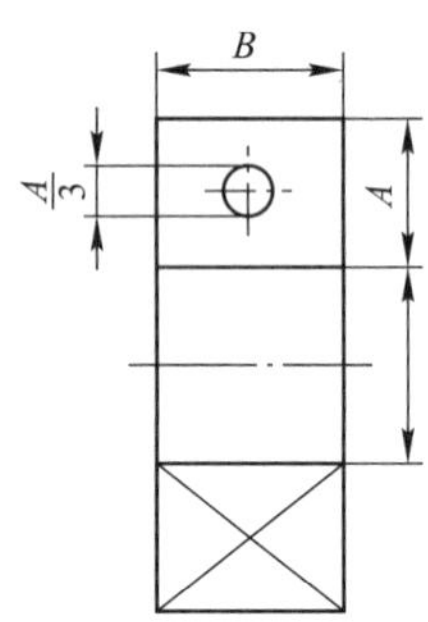
圆锥滚子轴承 GB/T 297—2015 	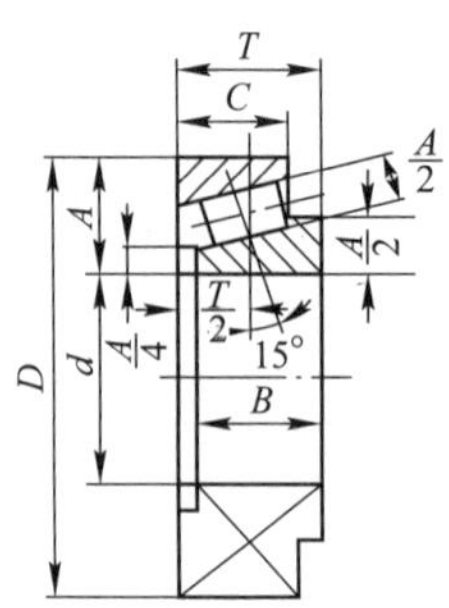	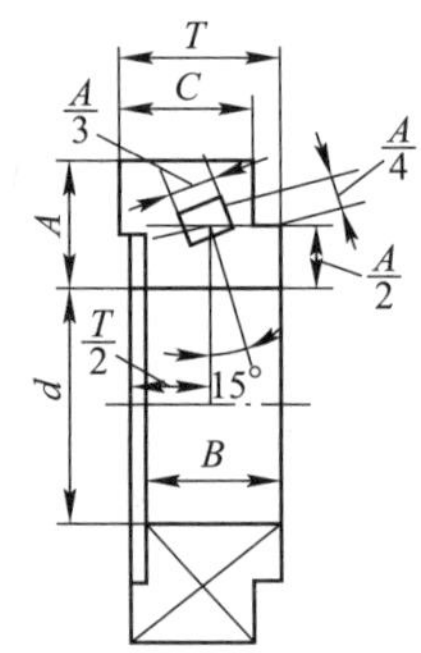

续表

轴承名称	规定画法	特征画法
平底推力球轴承 GB/T 301—2015 	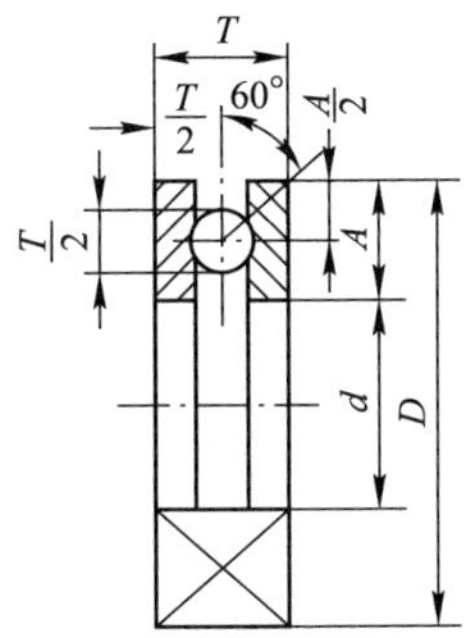 	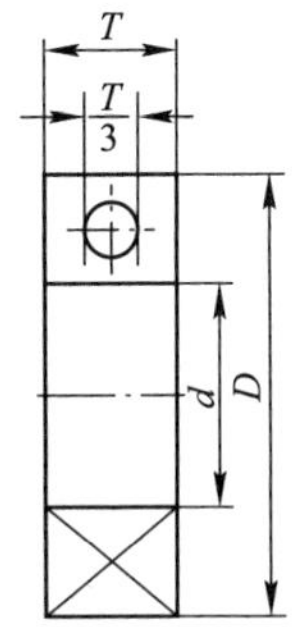

项目小结

1. 掌握内、外螺纹的画法及螺纹连接画法。
2. 了解螺纹的尺寸标注方法。
3. 掌握常用螺纹紧固件的连接画法。
4. 画图时应严格遵守标准件的规定画法，在理解的基础上记忆。

项目六　电气专业制图认知与绘制

项目描述

本项目主要阐述了电气专业制图图形符号、表示方法及电路图简化画法。简要学习基本电气图认知。以电气平面图为例，简要介绍了专业电气图的基本内容。

教学目标

【能力目标】

1. 能识读电气制图基本符号。
2. 能学会电路图的简化画法。
3. 会根据电气制图规则进行电气图绘制。

【知识目标】

1. 了解电气专业制图的基本知识。
2. 掌握电气图的图形符号、文字符号、一般规则和电路图的简化画法。
3. 掌握电气图中项目代号的含义、应用和基本表示方法。

【素质目标】

1. 能够形成自主探究学习的意识。
2. 树立规范制图的责任意识，养成严谨认真的工作作风。

任务一　电气图的基础认知

一、任务导入

分析三相异步电机正反转控制电路图，如图 6-1 所示。

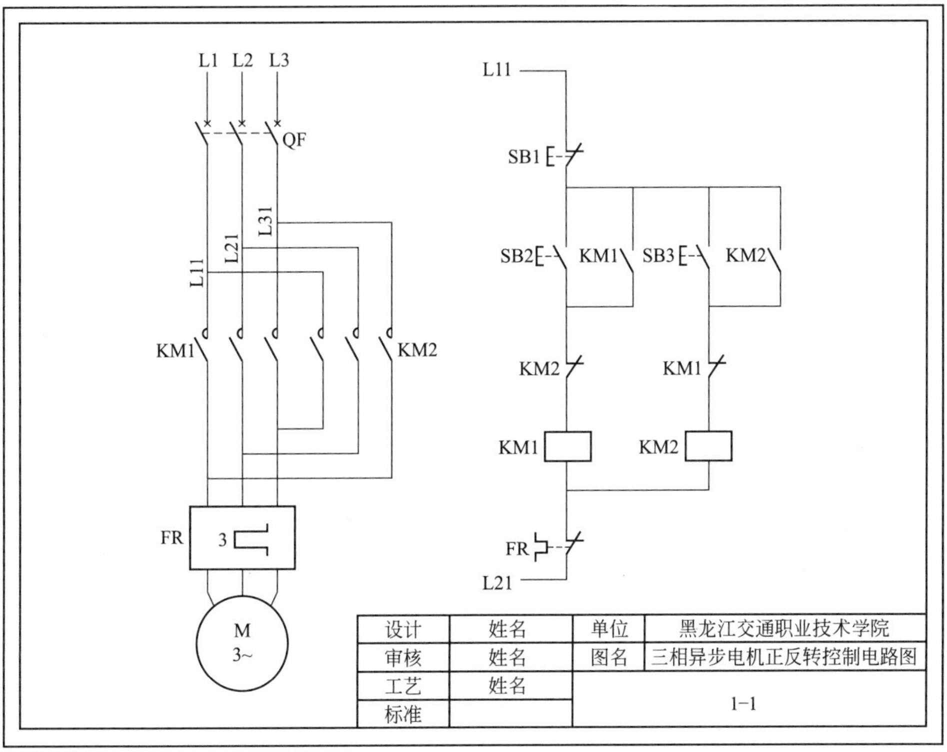

图 6-1　三相异步电机正反转控制电路图

二、知识链接

1. 电气图表达形式

（1）简图——用规定的图形符号、带注释的围框或简化外形表示设备中各组成部分之间相互关系及其连接关系的一种示意性图形，如电路图、接线图、框图等。

（2）表格——将有关数据按纵横排列的一种表达形式，它可用来说明系统、成套装置或设备中各组成部分的相互关系或连接关系，也可用来提供工作参数，如接线表等。

2. 电气图及其分类

将电能从发电厂引用到用电设备的工程称为电气工程，而描述电气工程的图称为电气图。电气图是指用图形符号、代号和表示方法，并按一定规则绘制的图。

电气图种类很多，有强电、弱电和强弱电混合的电气图。另外 ，电气图形还有逻辑图、功能图、功能表图、端子功能图、位置图、维修图、设备元件图等。按照表达的内容和用途的不同，电气图可分为以下几类。

(1) 系统图或框图：是采用符号或带注释的线框来概略表示系统或分系统的基本组成、相互关系及主要特征的一种简图，如图 6-2 所示。

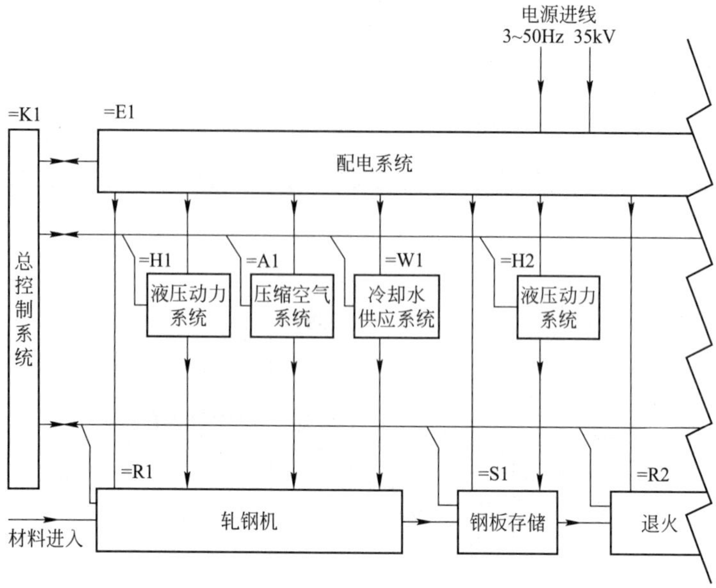

图 6-2 系统图示例

(2) 电路图：电路图是采用国家标准规定的电气图形符号，按功能布局绘制的一种工程图。电路图是电气产品装配、编制工艺、调制检验和分析故障的基础，也是编制接线图、印制电路板图、装配图及其他功能图的依据。如图 6-3 所示。

(3) 接线图：是用于表示电气装置内部元件及外部装置之间连接关系的一种简图。它是便于制作、安装及维修人员接线和检查的一种简图，如图 6-4 所示。

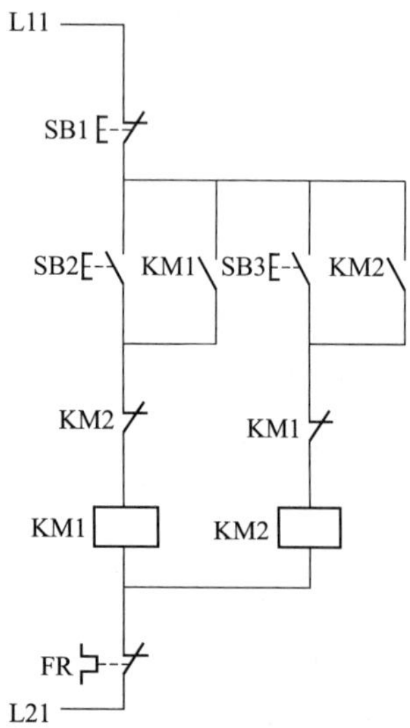

图 6-3 电动机控制电路图

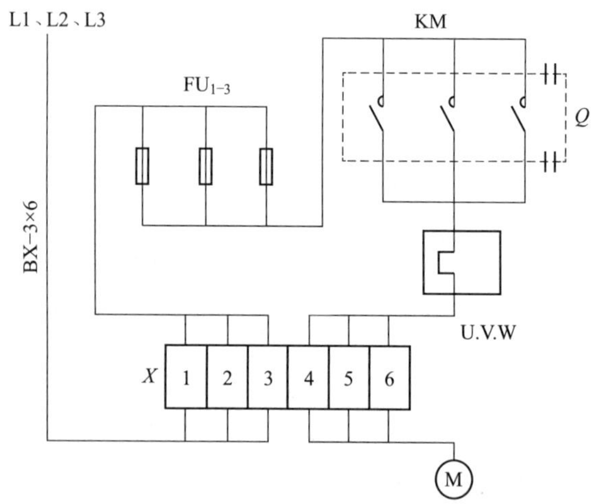

图 6-4 磁力启动器接线图

此外，还有表示电气工程项目的电气设备、装置和线路的电气平面布置图；表示各种设备和装置的布置形式、安装方式，以及相互之间尺寸关系的设备布置图；表示控制系统的作用和状态的功能表图；只阐述功能原理，只给出装置或系统的功能图、流程图、逻辑图和等效电路图等。

3. 电气制图的一般规则

（1）图纸幅面选取规则

① 所设计对象的规模和复杂程度；

② 由简图种类所确定的资料的详细程度；

③ 尽量选用较小幅面；

④ 便于图纸的装订和管理；

⑤ 复印和缩微的要求。

（2）图线形式

电气图中主要应用四种图线，其一般应用范围见表 6-1。

表 6-1　图线形式及一般应用

图线名称	图线形式	一般应用
实线	————————	基本线，简图主要内容用线，可见轮廓线，可见导线
虚线	— — — — — — — — — —	辅助线、屏蔽线、机械连接线，不可见轮廓线、不可见导线、计划扩展内容用线
点画线	——— · ——— · ——— · —	分界线、结构围框线、功能围框线、分组图框线
双点画线	——— ·· ——— ·· ———	辅助围框线

（3）箭头形式和指引线

电气图中使用两种形状的箭头，开口箭头主要用于电气能量和电气设备的传递方向；实心箭头主要用于可变性、力和运动方向，以及指引线方向。两种箭头画法及其使用对象如表 6-2 所示。

表 6-2　箭头形式及其使用对象

箭头类型	开口	实心
箭头图形	————>————	————————►
使用对象	信号线，连接线	指引线

4. 电气图简图的布局规定

① 布局合理、排列均匀、图面清晰、便于看图。

② 表示导线、信号通路、连接线等的图线都应是交叉和折弯最少的直线，可以水平布置或垂直布置，如图 6-5 所示。

一般情况下，布局顺序和信号流方向应该是从左到右和从上到下，反方向时应该在信号线上画开口箭头，如图 6-6 所示。

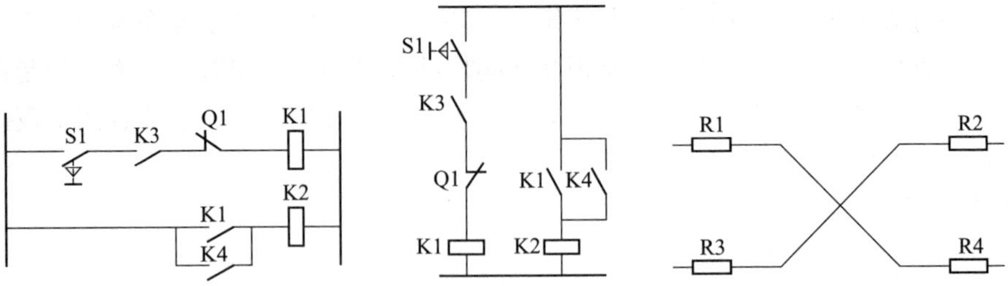

(a) 水平布置　　(b) 垂直布置　　(c) 对称布置

图 6-5　布局

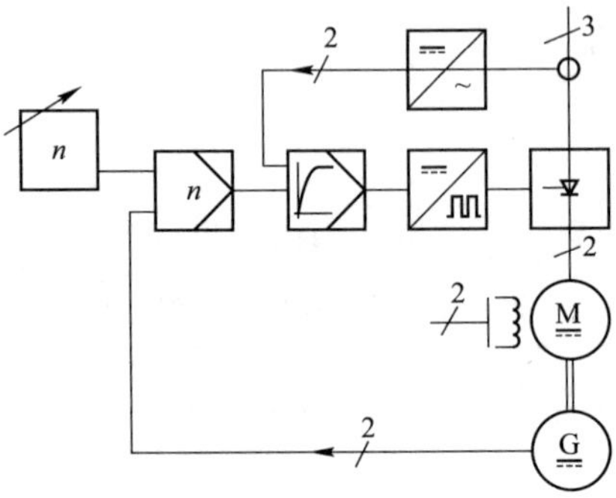

图 6-6　信号流方向

(3) 相应的元件对称布局时，可以采用斜的交叉线。

5. 连接线的规定

连接线的相关内容如表 6-3 所示。

表 6-3　连接线

项目	内容	
线型区分	实线	用于连接线
	虚线	用于表示计划扩展的内容
方向改变	一条连接线不应在与另一条线交叉处改变方向，也不应穿过其他连接线的连接点，交叉布置的连接线示例，如图 6-7（a）所示	
导线粗细	为突出或区分某些电路、功能等，导线符号、信号通路、连接线等可采用不同粗细的图线表示，如图 6-7（b）所示	
识别标记	识别标记标注在靠近单根的或成组的连接线的上方，也可断开连接线标注，如图 6-8（a）所示	
中断处理	1. 穿越图面的连接线较长或穿越稠密区域时，允许将连接线中断，在中断处加相应标记，如图 6-8（b）所示； 2. 连到另一张图上的连接线，应该中断，并在中断处注明图号、张次、图幅分区代号等标记，如图 6-9 所示	
多条平行连接线	应按功能分组。不能按功能分组时，可以任意分组，每组不多于三条。组间距离应大于线间距离，如图 6-10 所示	

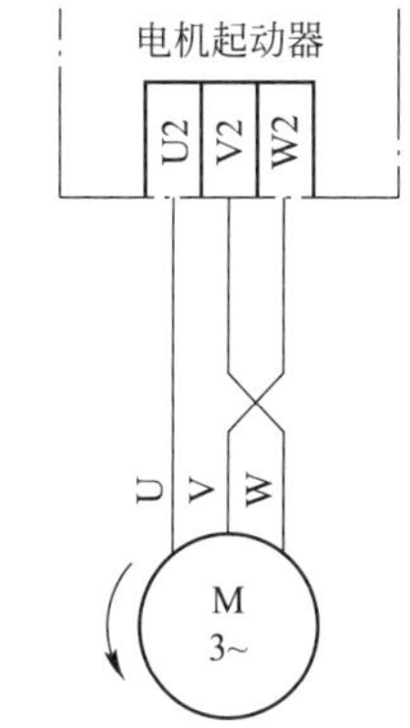

(a) 交叉布置的连接线示例

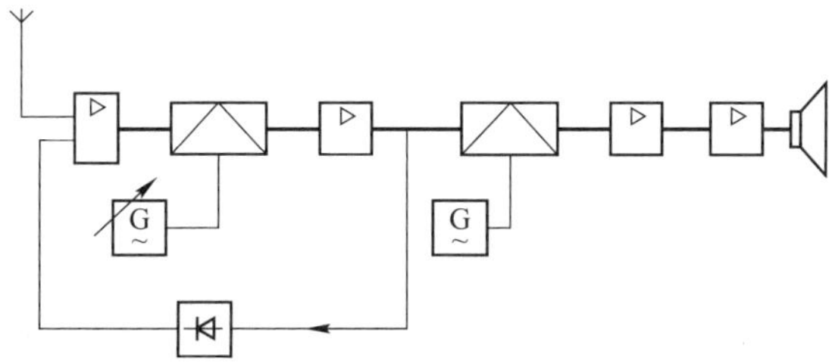

(b) 用粗线强调信号通路的示例

图 6-7 方向变化和导线粗细

(a) 连接线的识别示例

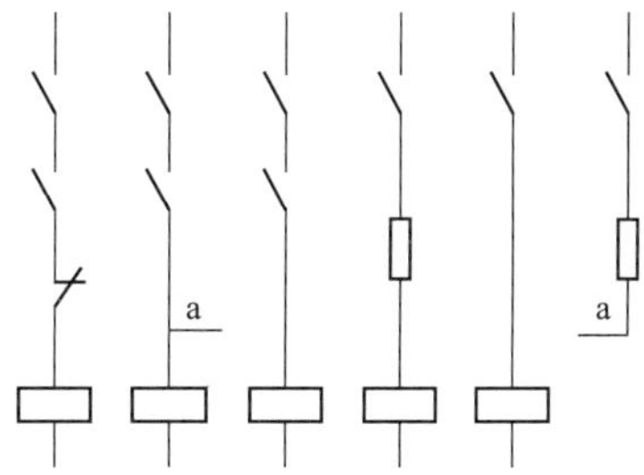

(b) 连接线中断处加标记示例

图 6-8 识别标记和中断处理

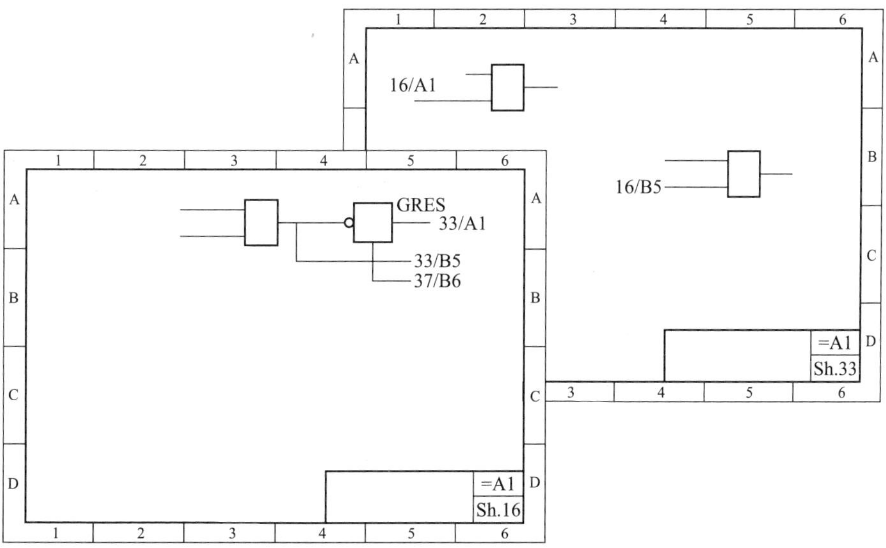

图 6-9 连接到另一张图上的连接线示例

图 6-10　多条平行线连接示例

6. 电路的多线表示法和单线表示法

① 多线表示法。每根连接线或导线各用一条图线表示的方法，称为多线表示法，如图 6-11 所示。在各项或各线内容不对称的情况下，多采用这种方法。

② 单线表示法。两根或两根以上的连接线或导线，只用一条图线表示的方法，称为单线表示法，如图 6-12 所示。这种方法多用于三相或多线基本对称的情况。也可引申，用单个图形符号表示多个相同的元器件，如表 6-4 所示。

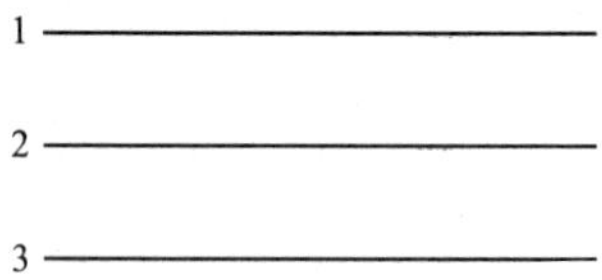

图 6-11　多线表示法

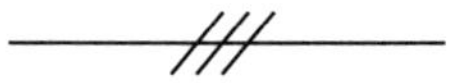

图 6-12　单线表示法

③ 混合表示法。在一张图中，一部分用单线表示法，另一部分用多线表示法，称为混合表示法。这种表示法既有单线表示法简洁、精练的优点，又有多线表示法对描述对象精确、充分的优点。

表 6-4　用单个图形符号表示多个元件

项号	示例	对应的多线表示	说明
1	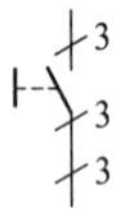	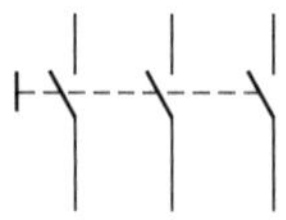	一个手动三极开关
2	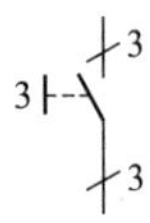	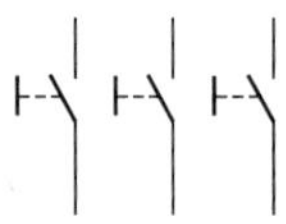	三个手动单极开关
3	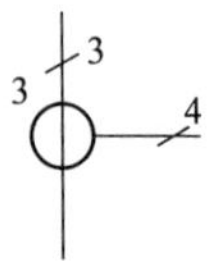	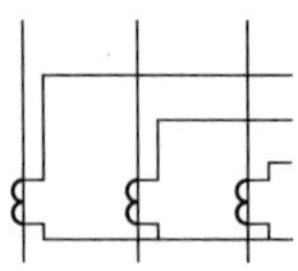	三根导线，每根都带有一个电流互感器，共有四根二次引线引出
4	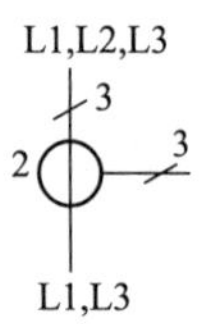	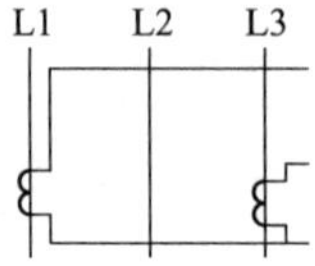	三根导线 L1、L2、L3，其中两根各有一个电流互感器，共有三根二次引线引出

7. 围框的规定

当需要在图上显示出图的一部分所表示的是功能单元、结构单元或项目组（如电器组、继电器装置）时，可以用点画线围框表示。为了图面清晰，围框的形状可以是不规则的，如图 6-13 所示。

围框线不应与元件符号相交，但插座和端子符号除外。它们可以在围框线上，或恰好在单元围框线内，也可以被省略，如图 6-14 所示。

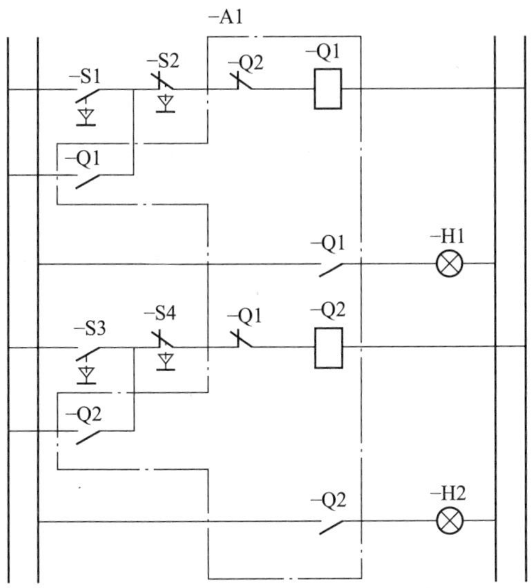

图 6-13　不规则围框示例

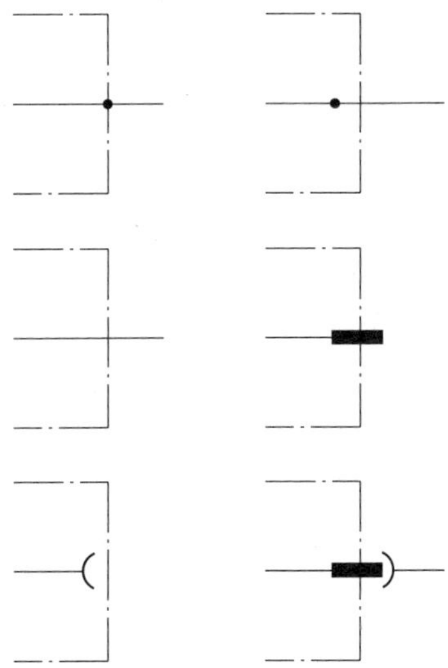

图 6-14　插座和端子符号在围框上的表示示例

当用围框表示一个单元时，若在围框内给出了可查阅更详细资料的标记，则其内的电路可用简化形式表示；如果在表示一个单元的围框内的图上含有不属于该单元的元件符号，则必须对这些符号加双点画线的围框，并加注代号或注解，如图 6-15 所示。

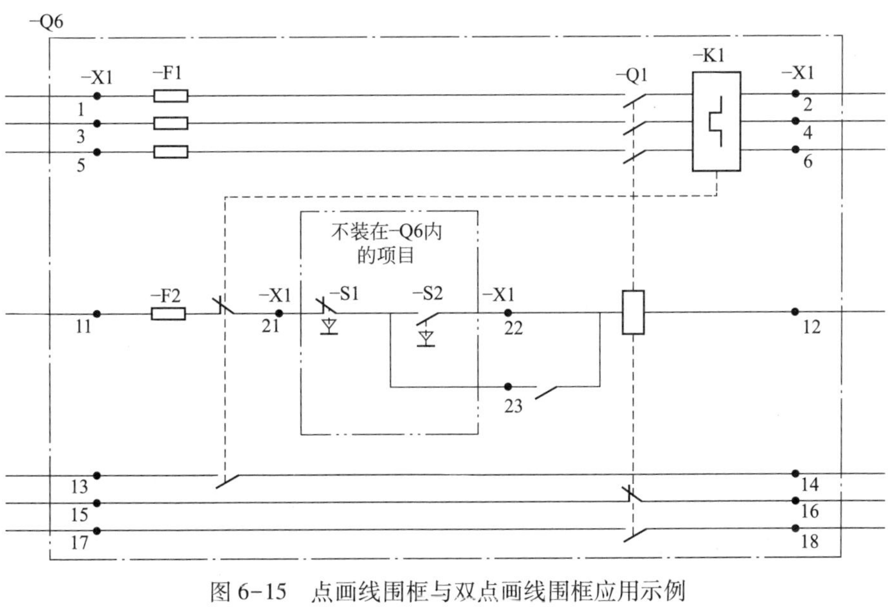

图 6-15　点画线围框与双点画线围框应用示例

8. 符号或元件在图上位置的表示方法（见表 6-5）

表 6-5　符号或元件在图上位置的表示方法

符号或元件位置	标记方法	符号或元件位置	标记方法
同一张图纸上的 B 行	B	图号为 4568 单张图的 B3 区	图 4568/B3
同一张图纸上的 3 列	3	图号为 4568 的第 34 张图上的 B3 区	图 4568/34/B3
同一张图纸上的 B3 区	B3	=S1 系统单张图上的 B3 区	=S1/B3
具有相同图号的第 34 张图的 B3 区	34/B3	=SI 系统多张图第 34 张的 B3 区	=S1/34/B3

9. 电气图用图形符号

电气图的图形符号是构成电气图的基本单元，是电工电子技术文件中的“象形文字”，是电气“工程语言”的“词汇”和“单词”。因此，正确、熟练地理解、绘制和识别各种电气图的图形符号，是绘图与读图的基本功。图形符号一般有四种基本形式：符号要素、一般符号、限定符号、方框符号。

在电气图中，一般符号和限定符号较为常用。

（1）电气图的图形符号

① 一般符号。用以表示一类产品或此类产品特征的符号，称为一般符号。一般符号不但从广义上代表了各类元器件，同时也可用来表示一般的、没有其他附加信息（或功能）的各类具体元器件，如图 6-16 所示。

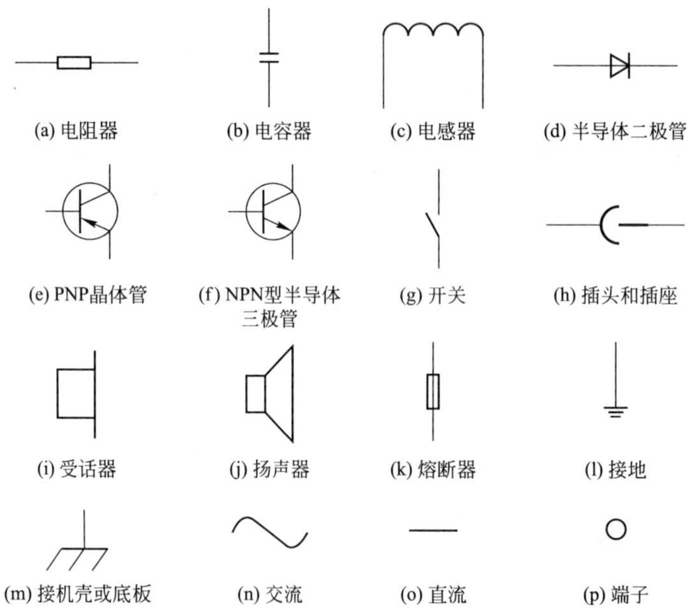

图 6-16　一般符号应用示例

② 限定符号。用以提供附加信息的一种加在其他符号上的图形符号，称为限定符号。限定符号通常不能单独使用。限定符号与一般符号、方框符号进行组合可派生若干具有附加功能的元器件图形符号，如图 6-17 所示。

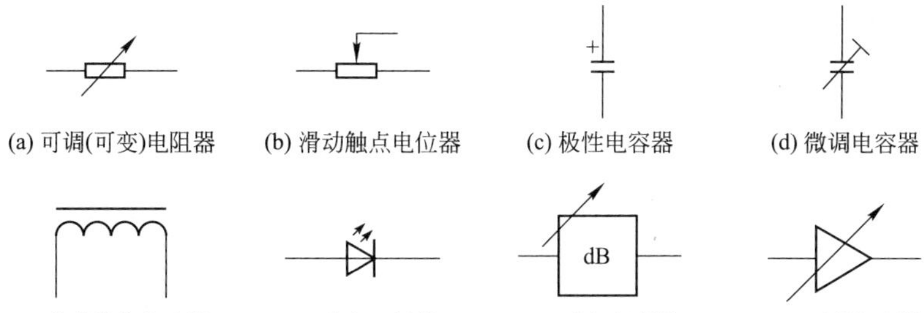

(a) 可调(可变)电阻器　(b) 滑动触点电位器　(c) 极性电容器　(d) 微调电容器

(e) 带磁芯的电感器　(f) 发光二极管　(g) 可变衰减器　(h) 可调放大器

图 6-17　限定符号应用示例

③ 方框符号。用以表示元件、设备等的组合及其功能，既不给出元件、设备的细节也不考虑所有连接的一种简单的图形符号，称为方框符号。方框符号通常用在使用单线表示法的电气图中。

表 6-6　图形符号的组合示例

符号术语	符号及其所表示的意义标记方法					
图形符号	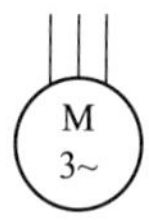	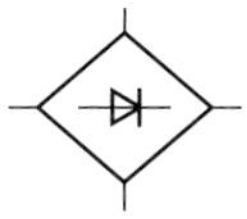		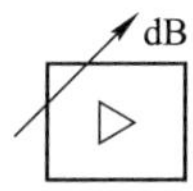		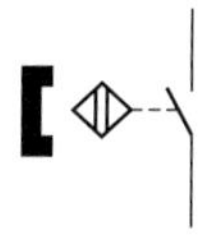
	三相鼠笼式异步电动机	桥式全波整流器	双绕组、三相三角形连接的变压器	自动增益控制放大器	无功电流表	磁铁接近时动作的接近开关
一般符号					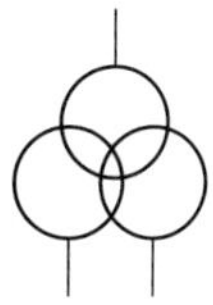	
	断路器	半导体二极管	双绕组变压器	电抗器	三绕组变压器	开关
限定符号	3~	 交流 			Isinϕ	 永久磁铁 
	三相交流	直流	放大器	自动控制	无功电流	机械连接
方框符号	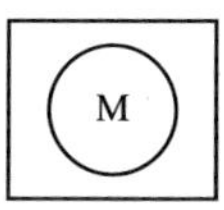	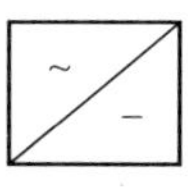	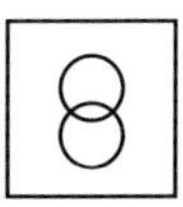	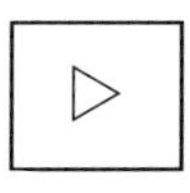	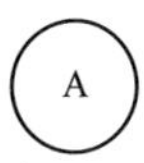	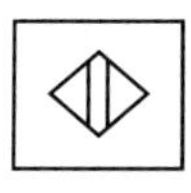
	电动机	整流器	变压器	放大器	电流表	接近传感器

（2）电气图中图形符号的绘制

为了使图形符号比较灵活地运用到各种电气图中去，在实际绘图中，图形符号可按实际情况以适当的尺寸进行绘制，并尽量使符号各部分之间的比例适当。

图形符号应按功能，在未激励状态下按无电压、无外力作用的正常状态绘出。

10. 电气技术中的文字符号

电气技术中文字符号分为基本文字符号（单字母或双字母）和辅助文字符号。文字符号适用于电气技术领域中技术文件的编制，也可表示在电气设备、装置和元器件上或其近旁，以标明其名称、功能、状态或特征。

11. 电气技术中的项目代号

在电气图中，图形符号通常只能从广义上表示同一类产品及其共同特征，它不能反映一个产品的具体意义，也不能提供该产品在整个设备中的层次关系及实际位置。

图形符号与项目代号配合在一起，才会使所表示的对象具有本身的意义和确切的层次关系及实际位置。

（1）项目与项目代号

① 项目。在电气图中，通常把用一个图形符号表示的基本件、部件、组件、功能单元、设备、系统等称为项目。例如，一个图形符号所表示的某一个电阻器、某一块集成电路、某一个继电器、某一部发电机、某一个电源单元等均为一个项目。

② 项目代号。项目代号是用来识别图、图表、表格中和设备上的项目种类，并提供项目的层次关系、实际位置等信息的一种特定的文字符号。项目代号可以将图、表格、说明书中的项目和设备中的该项目建立起相互联系的对应关系，为装配和维修提供了极大的方便。

③ 项目代号的构成。一个完整的项目代号其形式如下：

=（高层代号）+（位置代号）-（种类代号）：（端子代号）

例如：=T3+C7S3M6-K5：3，其中 T3 为高层代号，C7S3M6 为位置代号，K5 为种类代号，3 为端子代号。表示 T3 系统中在 C7 区间 S3 列操作框 M6 框中，继电器 K5 第 3 号端子。

（2）项目代号的使用

在一般的电子产品（如家电产品等）所使用的电路图、逻辑图、接线图等图中，经常在图形符号旁标注种类代号，即采用项目种类字母代码后加注数字的形式表示图中的具体项目，如图 6-18 所示。种类字母代码后面的数字用来区别同类项目中的每一个具体项目，此数字按该项目在图中的位置自上而下、从左至右的顺序编排。

（3）项目代号的标注

项目代号应靠近图形符号标注。当图形符号的连接线是水平布置时，项目代号一般标注在图形符号上方；当图形符号的连接线垂直布置时，项目代号应标注在图形符号左边。

必要时，可在项目代号旁加注该项目的主要性能参数、型号等，如电阻值、电容量、电感量、耐压值、半导体管型号等，如图 6-19 所示。

三、任务实施

分析电路图 6-1 中的图形符号及连接方式。

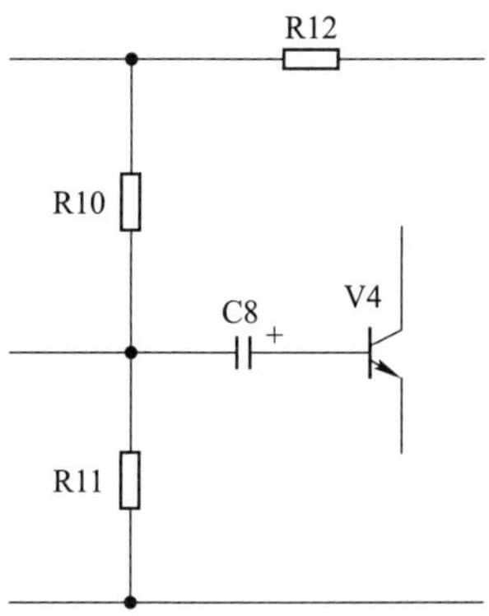

图 6-18　项目代号应用示例

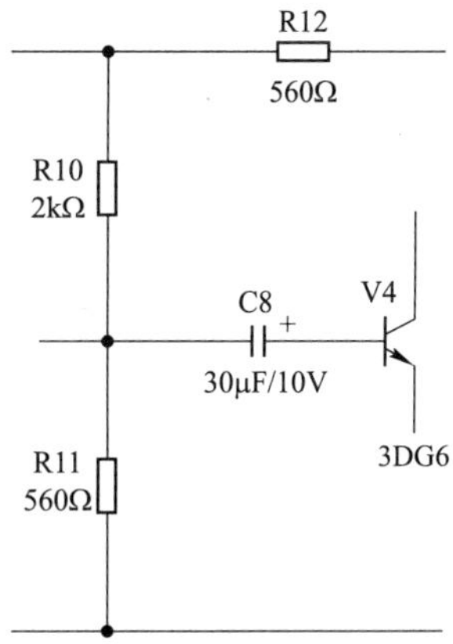

图 6-19　项目代号的标注示例

【知识拓展】

系统图和框图是电气系统或设备在设计、生产、安装、使用和维修过程中经常使用的电气图。

系统图和框图是用符号或带注释的框，概略表示系统或分系统的基本组成、相互关系及其主要特征的一种简图。

一、系统图和框图的用途及异同（见表 6-7）

表 6-7　系统图和框图的用途及异同

<table>
<tr><th colspan="2">项目</th><th>内　　容</th></tr>
<tr><td colspan="2" rowspan="3">用　途</td><td>1. 概略了解系统或设备的总体情况</td></tr>
<tr><td>2. 为进一步编制详细的技术文件提供依据</td></tr>
<tr><td>3. 为操作和维修提供参考</td></tr>
<tr><td rowspan="2">系统图和框图的比较</td><td>共同点</td><td>原则上没有区别，概念和绘制方法基本相同</td></tr>
<tr><td>不同点</td><td>所描述对象的层次有所不同，系统图通常描述系统或成套装置，层次较高，侧重于体系划分。框图通常描述分系统或设备，层次较低，侧重功能划分</td></tr>
</table>

二、系统图和框图的绘制方法（见表 6-8 和图 6-20）

表 6-8　系统图和框图的绘制方法

<table>
<tr><th>类别</th><th colspan="2">绘制方法</th><th>备注</th></tr>
<tr><td>方法 1</td><td colspan="2">采用 GB/T 4728—2018 中的图形符号，以方框符号为主</td><td>不常用</td></tr>
<tr><td rowspan="3">方法 2</td><td rowspan="3">带注释的方框</td><td>1. 框内用图形符号作注释，如图 6-20（a）所示</td><td>有时符号难找全</td></tr>
<tr><td>2. 框内用文字作注释，如图 6-20（b）所示</td><td>多用于表示较高层次框图</td></tr>
<tr><td>3. 框内同时用图形符号和文字作注释</td><td>方法灵活，较常用</td></tr>
<tr><td>方法 3</td><td colspan="2">带有主要元器件的点划线框</td><td></td></tr>
</table>

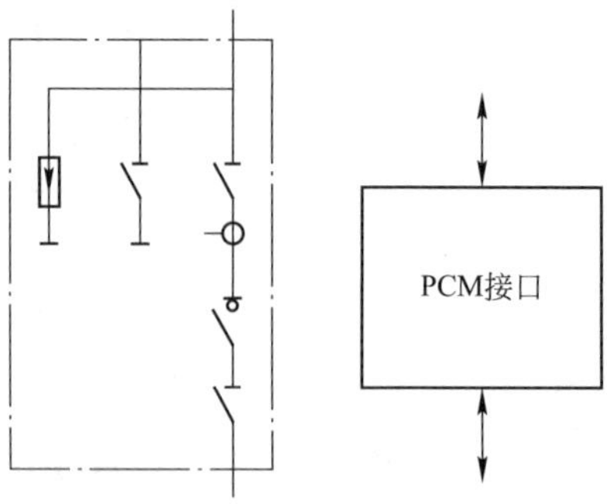

(a)　　(b)

图 6-20　系统图和框图的绘制

任务二　绘制电路图

电路图又称电路原理图，它是用图形符号按工作顺序排列，详细表示电路、设备或成套装置的基本组成和连接关系，而不考虑其实际位置的一种简图。目的是便于详细研究作用原理，分析和计算电路特性。

一、任务导入

绘制低频放大电路图，如图 6-21 所示。

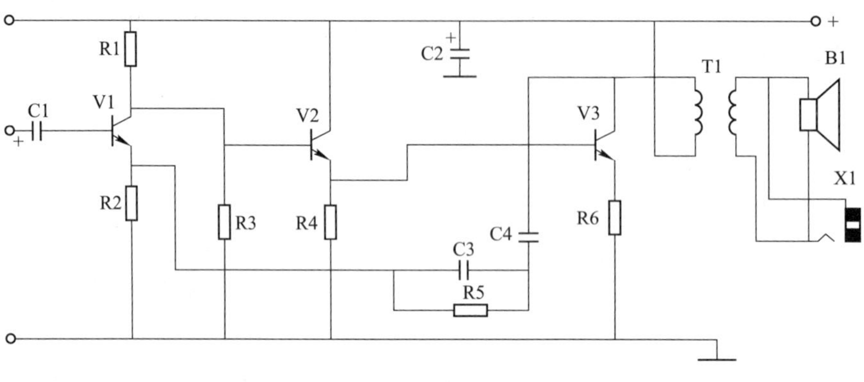

图 6-21　低频放大电路

二、知识链接

1. 电路图的主要用途

详细理解电路、设备或成套装置及其组成部分的作用原理，为电气产品的装配、编制工艺、调试检测和分析故障提供信息，为编制接线图、印制板图及其他功能图提供依据，这是电路图的主要用途。

2. 电路图的绘制规则

① 电路图绘制的一般规定；

② 采用机械连接的元器件或设备等在电路图中的布置方法；

③ 电路图的规定表示法；

④ 基础电路图的介绍；

⑤ 电路图的画图步骤。

3. 电路图绘制的一般规定

电路图中元器件的表示方法：元件、器件和设备应采用国标 GB/T 4728—2018《电气图用图形符号》规定的各类符号来表示，并可根据该标准提供的规则组合成新符号来表示，必要时可采用简化外形表示。

另外，在符号旁边应标注项目代号，需要时还可标注主要参数，如图 6-22 所示。

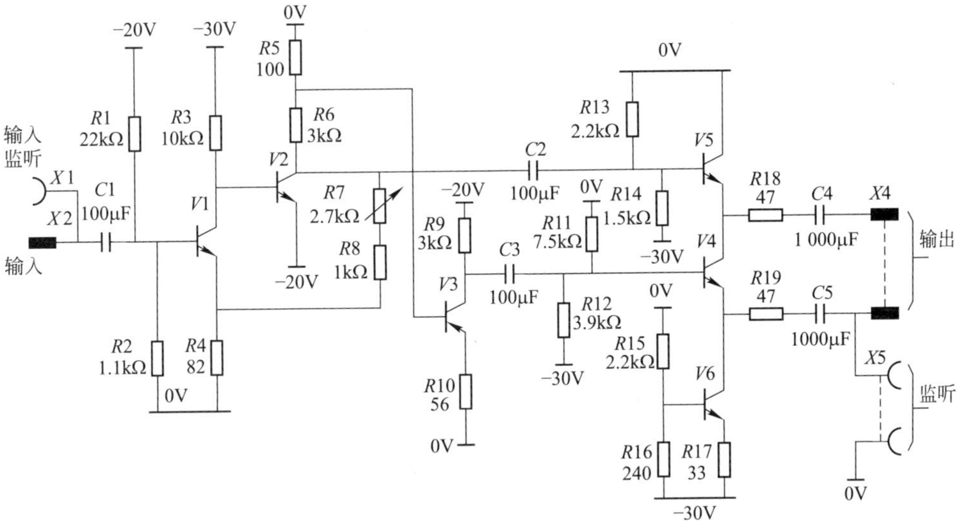

图 6-22　电路图中元器件的表示方法示例

图上元器件位置的表示方法有以下三种，如表 6-9 所示。

表 6-9　图上元器件位置的表示方法

类别	方　法
图幅分区法	按任务一中电气制图的一般规则对图幅分区的规定
电路编号法	用数字编号表示电路或分支电路的位置，数字顺序为从左至右或从上至下
表格法	在图的边缘部分绘制一个以项目代号分类的表格，表格中的项目代号与相应的图形符号在垂直或水平方向对齐。图形符号旁仍需标注项目代号

（1）图幅分区法

其基本方法是用行、列和行列结合标记表明图上的位置。在图的边相处，竖边方向用大写拉丁字母，横边方向用阿拉伯数字，编号顺序从左上角开始，分区数应是偶数，如图 6-23 所示。

在采用图幅分区法的电路图中，对水平布置的电路，一般只注明行的标记（阿拉伯数字）；对垂直布置的图中，一般只注明列的标记（拉丁字母）；复杂的电路图才需注明组合标记（区的代号是字母在左，数字在右）。

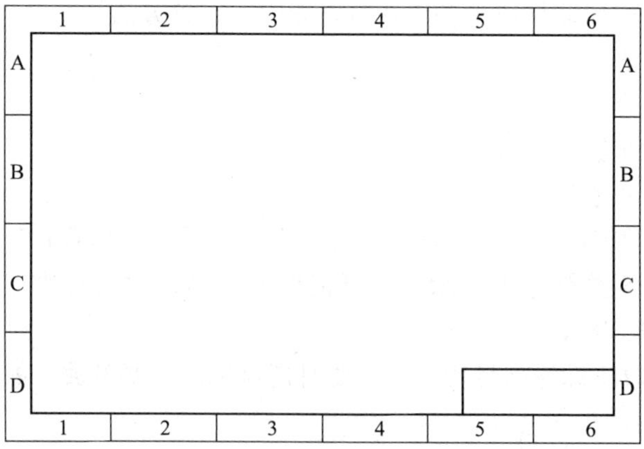

图 6-23　图幅分区示例

（2）电路编号法

在支路较多的电路中，对每个支路按一定顺序编号，如图 6-24 有 7 个支路，编号为 1~7。

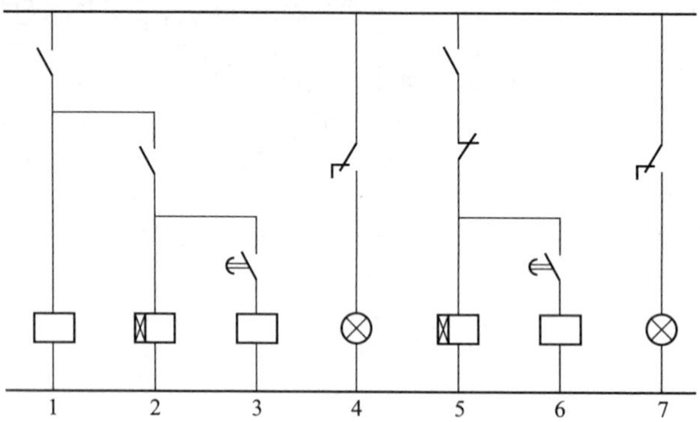

图 6-24　电路编号法示例

（3）表格法

对于项目种类较少，而同类项目数量较多的电路图，可在图的边缘部分绘制一个以项目代号分类的表格，表格中的项目代号和图中相应的图形符号，垂直或水平方向对齐，如图6-25所示。

电容器	*C*8
电阻器	*R*9–*R*11　*R*12　*R*13　*R*14–*R*16　*R*17　*R*18
半导体管	*V*16　*V*5　*V*18　*V*6

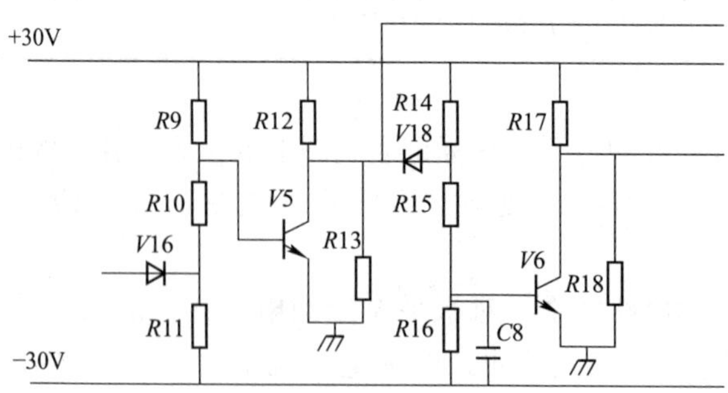

图 6-25　表格法示例

4. 接线图和接线表

接线图和接线表主要用于安装接线、线路检查、线路维修和故障处理。它们必须符合电气设备的电路图、装配图和施工图的要求，并且清晰地表示各个电器元件和设备的相对安装位置及它们之间的电连接关系。它对于设备的制造和使用都是必不可少的。

接线图和接线表可单独使用，也可结合使用。接线图和接线表通常应该表示出：项目的相对位置、项目代号、端子号、导线号、导线类型、导线截面积和特征（包括屏蔽、接地、绞合等），以及其他需补充说明的内容。

(1) 项目的表示法

接线图中的项目，一般采用简化外形符号（正方形、长方形、圆形等）表示。对简单的元件，如电阻、电容等，也可用一般符号表示。简化外形符号常用细实线绘制，如图 6-26 所示。

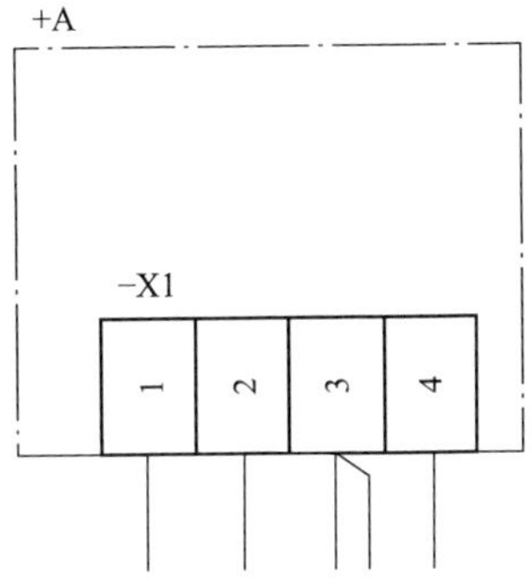

图 6-26　项目的表示

(2) 接线图中端子的表示方法

端子一般用图形符号和端子代号表示。如图 6-27 所示，端子符号（圆圈）旁标注的数字就是端子代号。

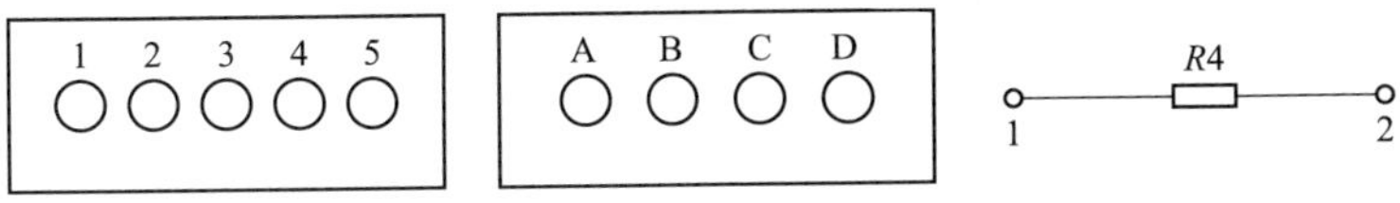

图 6-27　用图形符号和代号表示端子

当用简化外形表示端子所在的项目（如端子排）时，可以不画端子符号，仅用端子代号表示，如图 6-28 所示。

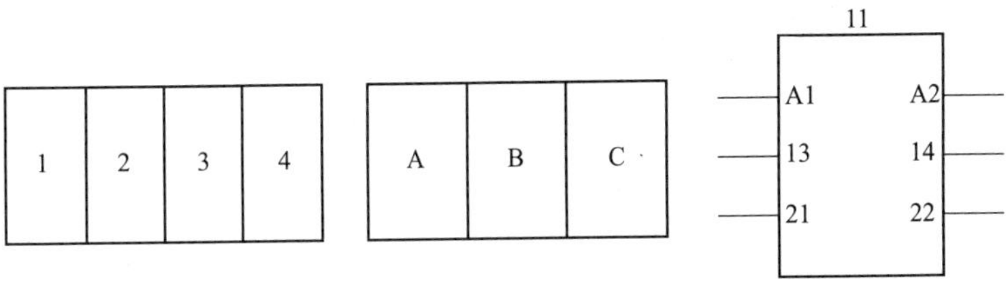

图 6-28　用端子代号表示端子

(3) 接线图中导线的表示方法

端子间的连接导线可用连续线表示，也可以用中断线表示。用中断线表示时，要分别在中断处表明导线的去向。表示方法如表 6-10 所示。

表 6-10　接线图中导线的表示方法

类别	规定布局方法	备注
连续线	两个端子之间的连接导线用连续的线条表示，如图 6-29 所示	表示有布线位置要求的连接导线或线束
中断线	两个端子之间的连接导线用中断的线条表示，如图 6-30 所示	必须在中断处标明导线的去向
加粗线	用加粗线表示导线子组、电缆、缆形线束等，如图 6-31 所示	不致引起误解时也可以部分加粗

连续线、中断线、加粗线如图 6-29、图 6-30、图 6-31 所示。

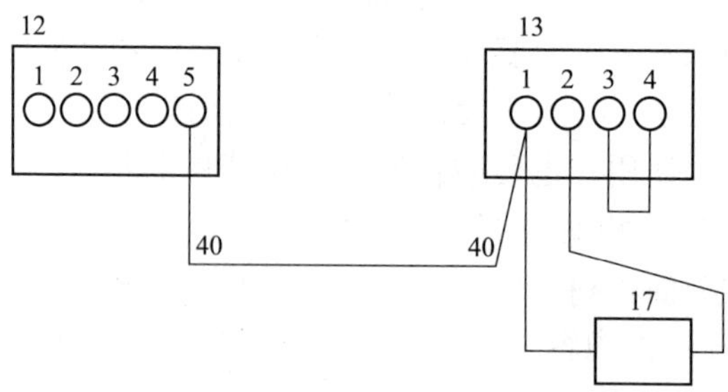

图 6-29　连续线

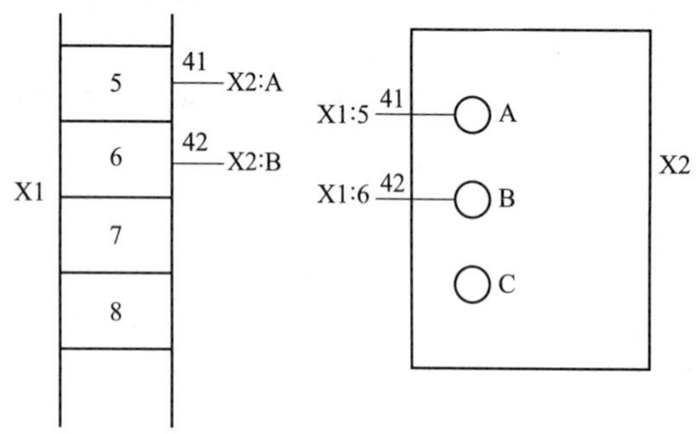

图 6-30　中断线

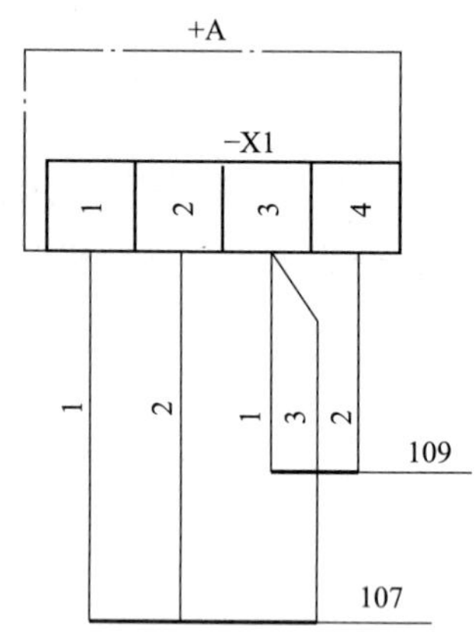

图 6-31　加粗线

(4) 接线图中导线的标记方法

接线图中导线的标记方法如表 6-11 所示。

表 6-11　接线图中导线的标记方法

类　别		标　　记	
		字母数字符号	图形符号
交流系统的电源线	1 相	L1	
	2 相	L2	
	3 相	L3	
	中性线	N	
中断线	正	L+	+
	负	L-	-
	中间线	M	
保护接地线		PE	⏚

三、任务实施

绘制电路图应遵守电气制图的一般规则，同时要考虑到电路图的有关规定画法。现以图6-21 所示的低频放大电路为例，说明绘制电图的具体作图步骤。

1. 将全图分段

电路图一般是由若干单元电路按信号的正常流向逐级相接的。作图时，应先以各单元电路的主要元件（如变压器、半导体三极管等）为中心，将全图分成若干段。各主要元件尽量排列在同一条水平线或垂直线上，如图 6-32 所示。

2. 绘制各单元电路

分别画出各级电路之间的连接及有关元器件。作图时，应使同类元器件尽量在横向或纵向上对齐，并从全局出发对各级的布置不当之处适当加以调整，使全图布置均匀、清晰，如图 6-33 所示。

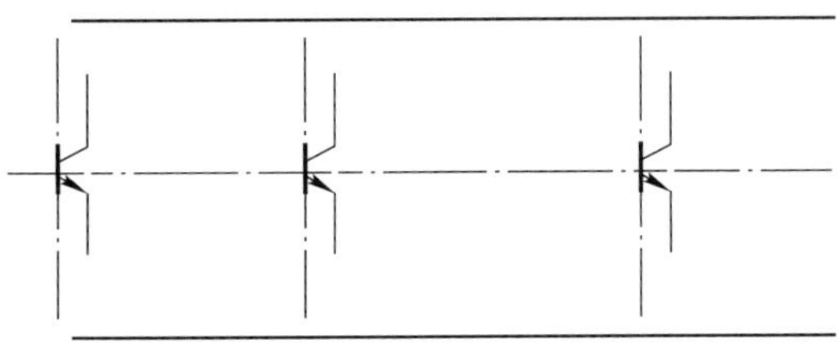

图 6-32　将全图分段

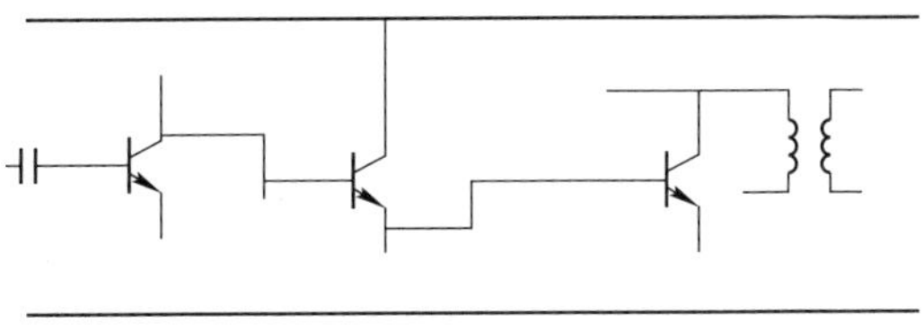

图 6-33　绘制各单元电路

3. 完成各单元电路

画全其他附加电路及元器件，标注项目代号、端子代号及有关注释，如图 6-34 所示。

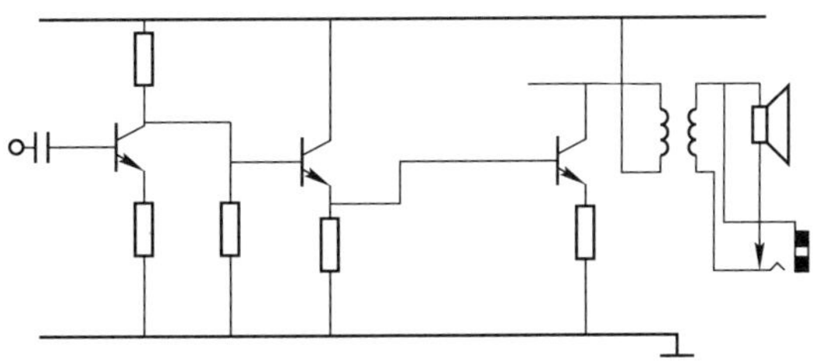

图 6-34　完成各单元电路

4. 检查

检查全图的连接是否有误、布局是否合理，最后完成全图。

至此，任务完成。

项 目 小 结

通过了解电气专业制图的基本知识，熟悉电气图的图形符号、文字符号、一般规则和电路图的简化画法，掌握电气图的标注格式。

参考文献

[1] 国家技术监督局．技术制图与机械制图．北京：中国标准出版社，1996.
[2] 机械设计手册编委会．机械设计手册．3 版．北京：机械工业出版社，2008.
[3] 夏华生．机械制图．北京：高等教育出版社，2005.
[4] 王其昌．机械制图．北京：机械工业出版社，1998.
[5] 胡建生．工程制图．北京：化学工业出版社，2006.
[6] 王幼龙．机械制图．北京：高等教育出版社，2006.
[7] 何利民，尹全英．电气制图与读图．北京：机械工业出版社，1997.